수학 사고력을
키우는
20가지 이야기

직감, 상식, 찍기로는 안 됩니다!

수학 사고력을 키우는 20가지 이야기

가미나가 마사히로 지음

조윤동 · 이유진 옮김

윤출판

수학 사고력을 키우려면
의심하고 고민해야

직감이나 직관으로 세워진 이론이 과학적 관찰과 수학적 논리에 의해 뒤집어진 대사건의 하나로 천동설을 들 수 있습니다. 고대 문명인이 맨눈으로 관찰하여 세웠던 단순한 천동설은 관찰의 결과가 쌓이면서 위태로운 처지에 놓이기도 했으나, 계속 보강되고 강화되었습니다. 그러나 그 결과, 천동설은 복잡하게 되어갔습니다. 그러다 망원경이라는 도구를 이용하여 세밀하게 관찰할 수 있게 되고, 로그라는 수단으로 매우 빠르게 계산할 수 있게 됨으로써 행성의 운행 법칙을 완벽하게 설명할 수 있게 되었습니다.

상식이라는 말이 있습니다. 사전에 쓰여 있는 뜻으로는 사람들이 보통 알고 있거나 알아야 하는 지식으로, 일반적 견문과 함께 이해력, 판단력, 사리 분별 따위가 포함됩니다. 그러나 많은 사람이 그렇게 알고 있더라도 사실이 아니거나 참이 아닌 경우도 흔히 있습니다. 천동설도 거의 대부분의 사람이 참이라 생각한 상식이었습니다. 지동설이 옳다는 것이 받아들여지기 전까지는 그랬습니다. 이른바 상식이라는 것 중에는 직관에 의존한 것들이 많이 있습니다. 상식은 역사를 거치면서 인류의 노력에 의해 새로운 내용과 형식을 갖추면서 변화되고, 진리성을 획득해갑니다. 이러는 가운데 직관도 수준을 높여가게 되고요. 일반인의 직관과 전문가의 직관은 다르다는 것이 이를 방증합니다. 그렇지만 전문가는 일반인의 상식으로부터 도움을 받고 전문가의 직관은 일반적인 것이 됩니다. 이것이 발전의 과정이지요.

삼각형에서 내각의 크기의 합이 180°라는 것은 상식입니다. 그러나 이것은 공간(평면을 포함)의 하나를 설명하는 한 가지 방식일 뿐입니다. 삼각형의 내각의 합이 180°보다 큰 공간도 있고, 작은 공간도 있습니다. 유클리드 이래로 공간을 바르게 이해하는 데에 2,100년 정도 걸렸습니다. 그리고 제논 이래로 무한을 바르게 이해하는 데에 2,300년 정도가 걸렸습니다. 물론 많은 사람이 의문을 품고 도전했던 과정이 있었기에 가능했습니다. 이 도전은 이전의 직관과 상식을 의심하는 곳에서 시작되었습니다.

수학과 과학은 늘 직관과 상식에 도전해왔습니다. 이 과정을 거쳐서 인류는 자신들이 지녀왔던 직관의 질을 높여왔지요. 이처럼 수학과 과학은 자연과 사회가 운동하는 법칙을 밝혀내고 인류의 인식 수준을 높여줌으로써 과거의 좁고 얕은 직관을 넓고 깊게 해왔습니다. 수학은 과학의 언어로서 과학의 길을 열어주는 한편 정리해주는 역할을 해왔고 앞으로도 그럴 것입니다.

이 책에 실린 이야기는 우리가 수학에서 맞닥뜨리는 20가지 장면에서 직관적으로 "이럴 것이다"라고 여기던 것을 다시 생각하게 해줄 것입니다. 또한 상식적으로 "이게 맞아"라고 하던 것을 의심하게 해줄 것입니다. 자연이나 사회의 모든 현상은 그 안에 본질을 품고 있습니다. 그 본질은 현상을 의심하는 데서 조금씩 모습을 드러냅니다. 현상을 눈에 보이는 대로만 직관적으로 받아들이거나 상식이라는 허울 속에서 의심 없이 받아들이면 결코 본질에 다가갈 수 없습니다. 본질에 다가가려면 현상을 여러 측면에서 분석하고 해석해야 합니다. 한 가지 방식으로는 불가능합니다.

여기에 실린 이야기들은 보통의 직관이나 상식을 의심하고 많이 고민하여 이끌어낸 결과들입니다. 그러므로 이 이야기들을 읽고 생각하는 동안에 여러분의 수학적인 사고의 지평이 넓어질 것입니다. 수학에서 다루는 문제를 바라보고 해석하는 힘이 생길 것입니다. 이 책을 통해서 직관의 수준을 높일 수 있으리라 기대해 봅니다.

조윤동

높이 올라가면

아래에서는 보이지 않던 것들이 보인다.

— 카를로 루비아*

우리는 앞이 보이지 않는 시대에 살고 있습니다. 저출산 고령화, 인구 감소, 에너지 문제, 기존 사회 질서의 붕괴….

최첨단 수학도 마찬가지입니다. 수학자는 아직 아무도 보지 못한 진리를 구하며, 아무도 생각하지 못한 정리를 증명하는 일에 도전합니다.

언뜻 보아 동떨어져 있는 것처럼 보이는 현실 사회와 수학의 세계. 하지만 이 문제들은 상식에 사로잡혀 있어서는 해결할 수 없다는 점에서 똑같은 어려움을 안고 있다고 생각합니다.

....

* 카를로 루비아(Carlo Rubbia, 1934-): 이탈리아의 소립자 물리학자. 1984년 노벨 물리학상 수상. – 옮긴이

천재 수학자에 관해 얘기할 때, 하늘의 계시를 받았다거나 마법과 같은 직감을 가졌다고 말하는 경우가 있습니다. "수학은 직감력이 열쇠"라거나 "수학자에게는 감각이 필요해"라는 말도 많이 합니다. "우리 아이는 수학적인 감각이 없어서…"라고 비관적으로 생각하는 부모도 있지 않나요?

그러나 제 생각을 말하자면, 이것들은 단지 선전 문구일 뿐입니다. 직감이나 느낌은 사실 후천적인 지혜입니다. 자신이 이미 알고 있는 정답을 설명하는 것을 직감이라고 바꿔 말하는 것에 지나지 않습니다.

그 누구도 답을 모르는 문제에 맞닥뜨린다면 이런 속임수는 아무 쓸모가 없습니다.

천재는 재능이 있기 때문에 번뜩이는 것이 아니라, 많이 생각하기 때문에 번뜩이는 것입니다. 수학에 '직감'이라는 지름길은 없습니다. 결국 문제를 끈질기게 계속 생각하고, 논리를 하나하나 신중하게 따라가는 것이 정답에 다다르는 길입니다.

이 말은 곧 누구나 어려운 문제를 풀 수 있음을 의미합니다. 아무리 위대한 사람이 말해도 틀린 것은 틀린 것이고, 어린아이의 말이라도 맞는 것은 맞는 것입니다. 권위주의도 수학 앞에서는 힘을 쓰지 못합니다. 이처럼 상쾌한 이야기가 또 어디에 있을까요!

이미 알려진 답을 뒤따라가며 개량함으로써 선진국 대열에 들어간 일본. 그렇지만 오늘날 일본은 쫓기고 있으며, 이제 아무도 답을 알려주지 않습니다. 그러나 설령 직감에 반할지라도 먼저 자신의 머리로 생각해보려는 사람들이 있다면 새로운 시대를 여는 것이 가능하지 않을까요? 물론 '직감을 뒤엎는' 아이디어가 있더라도, 그것이 우리가 직면한 문제를 해결하는 열쇠는 안 될지도 모릅니다.

수학이 모든 사람에게 평등하듯이, 성실하게 꾸준히 노력하는 것이야말로 다음 시대를 열어줄 것입니다. 이런저런 '직감을 뒤엎는 문제'를 즐기면서 이와 같은 사실을 실감할 수 있다면 그 이상 기쁜 일은 없을 것입니다.

| 독자 여러분께 |

이 책은 20개의 주제로
구성되어 있습니다.
각각의 화제는 수학을 좋아하는
어떤 사람의 일기로 시작합니다.
주제마다 수학을 제재로 하여
이야기를 펼쳐나가는데,
반드시 어딘가에서
착각이 일어나게 됩니다.
여러분도 글머리의 일기를 읽은 다음
어디가 잘못되었는지
먼저 생각해보기 바랍니다.

| 차례 |

제1장   직감을 배반하는 데이터

제2장   상식을 깨는 확률

직감을 배반하는 데이터

평균이나 비율의 수학에는 '의미'가 숨어 있으며,
표에서 어느 하나의 요소만 빠져도 결론은 180도 달라져버립니다.
이것이 통계가 지닌 어려우면서도 재미있는 부분입니다.

불경기인데
소득이 오르다니

4월 2일

신입 사원의 가장 큰 꿈은 회사를 오래 다니는 것이라고 한다.
신문이나 텔레비전에서도 불경기에 관한 뉴스뿐이다. 이렇게
불경기에 관련된 얘기만 계속 듣는다면, 젊은이의 기분이 위축되는
것도 무리는 아니다. 하지만 일본은 정말 불경기일까?

나는 수학을 좋아하는 사람으로서 그 근거를 확인하고 싶다. 이런
경우에는 통계 자료와 대조해봐야겠지. 바로 인터넷에서 찾아보니
누군가의 블로그에 이런 내용이 쓰여 있었다. "연수입 1000만 엔 이상,
연수입 500만 엔 초과~1000만 엔 미만, 연봉 500만 엔 이하의 모든
계층에서 평균 소득이 오르고 있다."

이것은 경기가 회복되고 있다는 의미일 것이다. 나라가 가난해지는 게
아니라 도리어 풍족해지고 있는 건 아닐까?

겨울이 길면 봄이 멀지 않은 법이지. 길었던 겨울이 지나고
우리에게도 봄이 찾아왔다.

불경기인데 소득이 늘어난다고?

오늘날 여러 가지 정보가 넘쳐나는 와중에 바른 정보와 거짓 정보를 구분하는 것은 쉬운 일이 아닙니다. 여기서 먼저 중요한 통계 자료를 읽는 방법부터 알려드리고자 합니다.

이야기를 간단히 진행하기 위해 한 나라의 국민을 '고소득자'와 '저소득자'라고 하는 2종류의 계층으로 나누도록 하겠습니다('고소득자'와 '저소득자'의 경계선은 500만 엔으로 합니다). 이 나라의 국민은 4명이고, 소득은 1400만 엔, 600만 엔, 300만 엔, 200만 엔이라고 하겠습니다(그림 1).

각 계층의 평균을 살펴보니 고소득자의 평균은 1000만 엔, 저소득자의 평균은 250만 엔이었습니다.

그림 1 · 불경기인데도 웬일인지 평균 소득이 늘어난 경우

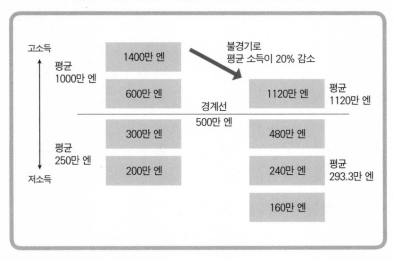

그런데 불경기가 되어 모든 사람의 소득이 20% 감소했습니다. 그러자 고소득자 중에서 상대적으로 소득이 적었던 600만 엔인 사람은 고소득자에서 탈락하여 저소득자 계층으로 이동하게 되었습니다.

그렇다면 각 계층의 평균 소득은 어떻게 될까요? 여전히 고소득자 계층에 속한 사람은 원래 소득이 1400만 엔이었던 사람입니다. 1400만 엔에서 20%가 줄어서 소득은 1120만 엔. 1명뿐이므로 평균도 1120만 엔입니다. 한편, 저소득자 계층은 1명이 늘어나 3명이 됩니다. 원래 600만 엔이었던 사람은 소득이 줄어서 480만 엔이 되는데 저소득자 중에서는 비교적 고소득이므로 저소득자 전체의 평균을 높여 평균 소득은 293.3만 엔이 됩니다.

즉, 모든 사람의 소득이 20%씩 줄어든 것과 상관없이 두 계층 모두 평균 소득은 늘어났습니다.

일부러 극단적으로 적은 수의 사람으로 예를 들었으나, 실제로도 이와 같이 '각 계층의 평균 소득이 늘어남과 동시에 가난한 사람의 비율이 늘어나는' 상황은 불경기가 심각해지는 국면에서 종종 발생합니다.

반대 상황도 있습니다. 각 계층의 평균 소득이 줄어들어도 소득이 높은 사람의 비율이 늘어나면 전체 평균 소득은 늘어나게 됩니다. 이러한 현상은 사회가 발전하는 시기에 나타나는 경향이 있습니다. 그러니까 저소득자 계층에서 고소득자 계층으로 옮겨간 사람들은 고소득자 계층 안에서 보면 비교적 소득이 낮은 사람들이므로 고소득자 계층의 평균 소득은 줄어듭니다. 한편, 저소득자 계층에 있던 사람들 중에서 비교적 고소득인 사람들이 고소득자 계층으로 옮겨가는 바람에 저소득자 계층 역시 평균 소득이 줄어들게 됩니다. 따라서 전체적으로 고소득자의 비율이 늘어나고 사회전체는 풍요로워졌음에도 불구하고 두 계층의 평균 소득은 줄어든 것처럼 보이는 것입니다.

앞의 일기에는 "모든 계층에서 평균 소득이 오르고 있다"라고 쓰여 있지만, 이것만으로는 "일본의 경기가 회복되고 있다"고 말할 수 없습니다. 선뜻 받아들이기에는 껄끄러운 결론이지만 실제로 뭔가 이상한 일이 벌어진 것은 아닙니다.

이처럼 '집단 전체의 성질과 집단을 나누었을 때의 성질이 달라지는' 현상을 심슨의 역설(Simpson's paradox)이라고 합니다. 1951년에 영국의 통계학자 심슨[*]이 '분할표에서 나타나는 상호작용의 해석'이라는 논문에서 지적한 것입니다.[**]

평균의 함정

다른 예를 소개하겠습니다.

가상의 사례입니다만, 미국인과 미국 유학을 다녀온 학생들이

---

[*] 에드워드 H. 심슨(Edward Hugh Simpson, 1922-): 영국의 통계학자. – 옮긴이
[**] E. H. Simpson, "The Interpretation of Interaction in Contingency Table", Journal of the Royal Statistical Society, Series B 13(1951): 238-241.

치른 영어 시험으로부터 〈표 1〉과 같은 결과를 얻었습니다. 시험은 100점 만점이고, 각 집단의 평균 점수를 나타냈습니다.

1990년과 2010년의 성적을 비교해보니, 미국인은 4점 올랐고 유학생은 10점이 올랐습니다. 어느 집단에서나 "20년 동안 영어 실력이 향상되었다"고 생각할 수 있습니다.

그러나 전체 평균을 보면 오히려 2점이 내려갔습니다. 뭔가 오류가 있는 것일까요?

아닙니다. 이 또한 일어날 수 있는 현상입니다.

표 1 · 영어 시험 성적

	1990년	2010년	점수 차
미국인 평균	90	94	+ 4
유학생 평균	60	70	+10
전체 평균	84	82	− 2

중요한 것은 시험을 치른 미국인과 유학생 수의 비입니다. 쉽게 계산할 수 있도록 미국인과 유학생을 더한 인원수를 100명이라고 해봅시다.

1990년에 시험을 치른 미국인은 80명이고 유학생은 20명이었습니다. 그럼 점수의 평균은

$$\frac{90 \times 80 + 60 \times 20}{100} = 84$$

84점이 됩니다. 이와 달리 2010년에 시험을 치른 사람은 미국인이 50명, 유학생이 50명이었습니다. 그 결과, 점수의 평균은

$$\frac{94 \times 50 + 70 \times 50}{100} = 82$$

82점이 됩니다.

영어 시험 성적은 1990년과 2010년에 모두 '**미국인의 평균 > 유학생의 평균**'이었습니다. 사람 수는 1990년에 미국인이 80명으로 많았지만 유학생은 20명뿐이었습니다. 즉, 1990년에는 성적이 좋은 집단(미국인)의 사람 수가 많았고, 성적이 좋지 않은 집단(유학생)은 적었습니다. 이에 반해 2010년에는 성적이 좋은 미국인은

그림 2 • 미국인 비율과 전체 평균의 관계

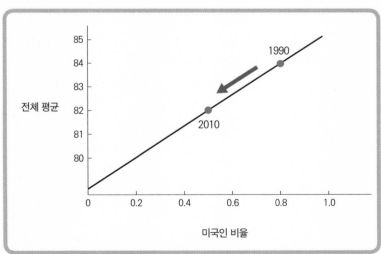

50명으로 줄었고 성적이 좋지 않은 유학생은 50명으로 늘었습니다. 그런 까닭에 각 집단의 점수가 오른 것은 성적이 좋은 집단의 사람 수가 줄어들어 어쩔 수 없이 일어난 현상입니다.

앞에서 제시한 소득의 예와 같은 상황입니다. 따라서 소득의 예와 마찬가지로 인원수의 비를 거꾸로 하면, "각 집단의 평균 점수가 내려간다 하더라도 전체 평균 점수는 올라간다"는 예를 만들 수도 있습니다.

▌신생아 몸무게의 역설

다음은 심슨의 역설의 한 예로 '신생아 몸무게의 역설'이라고 일컬어집니다. 무엇이 어떻게 역설이 되는지 검토해봅시다.

표 2 · 신생아 사망률

태어났을 때의 몸무게(g)	비흡연 집단(A) 사망률(‰)	흡연 집단(B) 사망률(‰)
1,000 미만	명확하지 않음	175.0
1,000 이상 ~ 1,500 미만	100.0	72.0
1,500 이상 ~ 2,000 미만	42.0	30.2
2,000 이상 ~ 2,500 미만	17.6	12.7
2,500 이상 ~ 3,000 미만	7.4	5.3
3,000 이상 ~ 3,500 미만	3.1	2.2
3,500 이상 ~ 4,000 미만	1.3	0.9
4,000 이상 ~ 4,500 미만	0.6	0.4
4,500 이상 ~ 5,000 미만	0.2	0.2
5,000 이상 ~ 5,500 미만	0.1	–

미국의 역학* 전문지에 아기가 태어났을 때의 몸무게에 관한 논문이 실려 있습니다.**

〈표 2〉는 '엄마가 담배를 피우지 않는 집단 A'와 '엄마가 담배를 피우는 집단 B'로 나누어서 각 집단에서 태어난 아기의 몸무게와 사망률을 비교한 것입니다. 여기서는 담배를 피우지 않는 집단을 '비흡연 집단 A', 담배를 피우는 집단을 '흡연 집단 B'라고 하겠습니다.

‰(퍼밀)은 천분율의 기호로서 여기에서는 1,000명 중에서 몇 명의 아기가 사망했는지를 나타냅니다. 태어났을 때의 몸무게를 1,000그램 미만에서 시작해 1,000그램 이상 1,500그램 미만, 1,500그램 이상 2,000그램 미만… 등 500그램 단위로 분류해두었습니다.

결과는 보이는 대로 기묘했습니다. 모든 몸무게 집단에서 흡연 집단 B의 (살아서 태어난 아기의) 사망률이 낮았습니다. 데이터가 명확하지 않다든지 없는 것을 제외하면, 4,500그램 이상 5,000그램 미만의 계급에서 사망률이 같은 것 말고는, 모든 몸무게 계급에서 '비흡연 집단 A보다 흡연 집단 B의 사망률이 낮다'라고 나왔습니다. 이 데이터에 따르면 '엄마가 담배를 피우는 쪽이 아기의 사망률이 낮다'는 결론에 이르게 됩니다.

누구나 아는 대로 흡연이 몸에 좋을 리가 없습니다. 현재 일본에

* 역학(疫學): 전염병의 유행 동태를 연구하는 의학의 한 분야. - 옮긴이
** *American Journal of Epidemiology.*

서는 모자수첩*에 흡연의 위험성을 알리는 문구가 쓰여 있습니다. 임신을 하지 않는 남성에게도 건강에 나쁜 영향을 끼치는데, 하물며 임산부에게 영향이 없을 리가 없습니다.

이 데이터를 좀 더 상세히 살펴봅시다(표 3).

표 3 · 몸무게별 사망률의 상세 데이터**

태어날 때의 몸무게(g)*	비흡연 집단(A)			흡연 집단(B)		
	인원 수	사망률(‰)	사망자 수	인원 수	사망률(‰)	사망자 수
1,000	0			40	175.0	7
1,500	40	100.0	4	630	72.0	45
2,000	630	42.0	26	6,230	30.2	188
2,500	6,230	17.6	110	24,100	12.7	306
3,000	24,100	7.4	178	38,000	5.3	201
3,500	38,000	3.1	118	24,100	2.2	53
4,000	24,100	1.3	31	6,230	0.9	6
4,500	6,230	0.6	4	630	0.4	0
5,000	630	0.2	0	40	0.2	0
5,500	40	0.1	0	0		
계	100,000	4.7	471	100,000	8.1	807

* 500그램 단위로 계급을 구분함.

....

* 한국에서는 표준모자보건수첩이라 하는데, 임신부터 유아기까지의 의료 기록을 유지하고 예방접종, 검진(검사) 및 양육에 관한 필수, 객관적인 정보를 제공하여 엄마와 영유아의 건강을 도모하기 위한 것임. – 옮긴이
** A집단에서 태어난 아기의 평균 몸무게는 3,500그램이고 표준편차는 500그램(만기 출산의 전형적인 특징)입니다. B집단에서 태어난 아기의 몸무게는 A집단의 아기보다 가벼워서, 평균 몸무게는 3,000그램이고 표준편차는 500그램입니다. 전체 유아 사망률은 B집단 쪽이 높습니다(A집단의 1.7배). 그렇지만 부분집단별로는 B집단 쪽이 오히려 낮은 사망률을 나타내고 있습니다(A집단의 0.7배).

집단 전체를 비교해보면 비흡연 집단 A의 사망률은 4.7‰로 1,000명 중 4.7명의 꼴로 사망하는 데 반해, 흡연 집단 B의 사망률은 1,000명 중 8.1명으로 8.1‰입니다. 〈표 3〉에 따르면 역시 흡연 집단 B 쪽의 사망률이 높지 않나요?

〈표 2〉에는 실려 있지 않으나 〈표 3〉을 보면 '흡연 집단 B 쪽이 애초에 저체중으로 태어난 비율이 높다'는 것을 알 수 있습니다.

〈표 3〉을 그래프(그림 3)로 나타내보면 상황이 더욱 명확해집니다.

〈그림 3〉의 맨 위쪽에 있는 그래프는 신생아 몸무게에 따른 사망자 수의 분포를 그래프로 나타낸 것입니다. 태어났을 때의 몸무게와 사망률 사이에는 단순하고 안정된 관계가 있는데, 이는 〈그림 3〉의 맨 아래쪽에 있는 그래프에서 확인할 수 있습니다. 맨 아래쪽 그래프에서 세로축의 눈금은 로그 눈금으로써 눈금 하나가 십진수의 자릿수 하나에 상응하게 되어 있습니다. 로그 눈금으로 나타냄으로써 10배, 100배와 같이 차이가 큰 데이터를 보기 쉽게 표현할 수 있습니다.

아무래도 흡연 집단 B의 위험성이 높은 까닭은

(인과관계 1) 엄마가 담배를 피움

⇒ 아기가 저체중으로 태어나는 경우가 많음

(인과관계 2) 저체중인 아기는 사망률이 높음

인 것 같습니다. 여기에서는 '엄마가 담배를 피움 ⇒ 전체 사망률이 높음'과 같은 결론을 이끌어낼 수 있었지만, 데이터가 제대로 제시되지 않은 것을 알아차리지 못했다면 '신생아 몸무게의 역설'

그림 3 • 신생아의 몸무게와 사망률

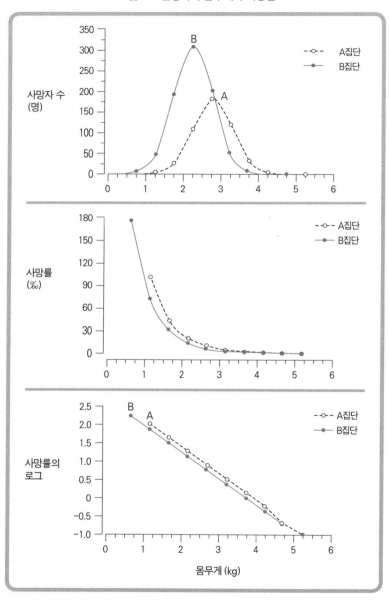

과 같은 기묘한 결론이 날 뻔했습니다.

차별인가? 역차별인가?

다른 요소가 들어가서 이야기가 복잡하게 전개되는 예도 있습니다.

일례로 미국 플로리다 주에서 발생한 살인 사건의 재판에서 '사형 판결을 받은 비율과 인종의 관계'를 조사한 결과, 〈표 4〉와 같이 나타났습니다.

표 4 • 사형 판결을 받은 비율과 인종의 관계

피고인의 인종	사형 판결의 수	사형이 아닌 판결의 수	사형 판결 비율
백인	53	430	11.0%
흑인	15	176	7.9%

출처: A. Agresti(2002), Categorical Data Analysis, 2nd ed., Wiley, pp.48-51.

〈표 4〉에 따르면, 사형 판결의 비율은 피고인이 백인인 경우가 11.0%로 높았습니다. 흑인은 7.9%이므로 그 차는 3.1% 포인트가 됩니다. '흑인보다 백인이 사형 판결을 받는 비율이 높다'는 것 같습니다. 뜻밖이네요. 미국에서 진행되는 재판에서는 배심원이 큰 영향력을 행사하고 있기 때문에 예상 외로 역차별이 일어나는 것일까요?

이 자료를 좀 더 자세히 살펴봅시다. 피고인의 인종뿐만 아니라

피해자의 인종도 조사해보면 어떻게 될까요(표 5)?

표 5 · 피해자의 인종도 고려한 경우*

피고인의 인종	피해자의 인종	사형 판결	비사형 판결	비율
백인	백인	53	414	11.3%
흑인	백인	11	37	22.9%
백인	흑인	0	16	0.0%
흑인	흑인	4	139	2.8%

이번에는 이전과 상당한 차이가 있습니다. 피고인이 흑인이고 피해자가 백인일 때, 사형 판결의 비율이 22.9%로 유달리 높습니다. 이에 반해 피고인이 백인이고 피해자가 흑인인 경우에 사형 판결을 받은 피고인은 없습니다.

요약하면 "백인이 흑인을 살해하더라도 사형 판결을 받지 않지만, 흑인이 백인을 살해하면 높은 비율로 사형 판결을 받는 경향이 있다"는 것입니다. 같은 인종 사이라고 하면 "흑인이 흑인을 살해했을 때보다 백인이 백인을 살해한 경우에 사형 판결을 받은 비율이 매우 높다"는 것도 알 수 있습니다. 이렇게 본다면 판결에 차별이 있었을 가능성이 크네요.

....

* 이 표는 같은 논문 48쪽의 Table 2.6 Death Penalty Verdict by Defendant's Race and Victims' Race를 분할한 것이지만, 원래는 M. L. Radelet and G. L. Pierce, "Choosing those who will die: Race and the Death Penalty in Florida", *Florida Law Rev.* 43(1991) 1-34.에 실린 것입니다.

〈표 4〉만 보면 사형 판결에서 역차별이 있는 것처럼 생각되지만, 이것은 실제로 '피해자의 인종'이라는 요인을 간과하고 있었던 것입니다.

이 장에서는 '분류'의 방식이나 기준에 따라 나타나는 기묘한 현상을 검증해보았습니다. 평균이나 비율의 수학에는 '의미'가 숨어 있으며, 표에서 어느 하나의 요소만 빠져도 결론은 180도 달라져 버립니다. 이것이 통계가 지닌 어려우면서도 재미있는 부분입니다.

평균 수명까지
인구의 절반이 죽는 걸까

4월 28일

일본의 경기는 그렇다 치고, 국민 수명은 어떨까? 후생노동성의 자료에 따르면 현재 남성의 평균 수명은 80세, 여성은 86세인 시대라고 한다. 일본은 국민의 평균 수명이 늘어나는 경향이 있으며 세계가 부러워하는 장수 국가이다. 장수의 비결은 균형 잡힌 건강한 식생활일 것이다.

그렇지만 맛있는 음식을 멀리하고 술도 마시지 않는 인생은 조금 재미가 없다. 어느 수학자는 "평균 수명까지 절반의 사람은 죽습니다"라고 하면서, 술도 담배도 끊지 않았다고 한다. 통계적으로 그렇다면, 아무리 건강에 신경을 쓰더라도 어쩔 도리가 없을지도 모른다.

평균 수명과 평균 여명

정말로 만일 "평균 수명이 80살이라고 해도 그때까지 죽게 될 확률은 반이다"라고 하면, 절제 따위는 제쳐두고 인생을 마냥 즐겨보고 싶은 기분도 들긴 하네요.

여기서 잠깐 쉬어가는 퀴즈.

> 2010년 시점에서 일본인의 평균 수명은 남성이 79.55년이고 여성이 86.30년이다.* 당신은 앞으로 몇 년 정도 살 수 있을 거라고 생각하는가?

어떤가요? 저를 예로 들자면, 이 책을 쓰고 있는 현재 45세입니다. 그렇다면 벌써 인생의 반환점을 지나 앞으로 35년 정도 남아 있다고 볼 수 있네요. 하지만 실제로는 어떨까요?

결론부터 말하자면, 남성은 45세일 때 평균 여명**이 36.02년입니다. 따라서 남은 햇수는 앞서 생각했던 게 거의 맞는 셈입니다. 1년 정도가 어긋났지만 거의 예상대로라고 해도 좋을 것입니다.

> 그렇다면 '평균 수명을 다 살지 못하고 먼저 죽는 사람'은 몇 명 정도라고 추정할 수 있을까?

....

* 2010년에 일본 후생노동성이 작성한 「제21회 완전생명표」에 따른 것입니다.
** 평균 여명: 어떤 나이를 기점으로 앞으로 살 수 있는 평균 햇수로, 같은 조건의 사람들이 그 뒤로 산 햇수를 평균한 값임. - 옮긴이

글머리의 일기에서 생각해본 대로라면 "평균이므로 그때까지 정확히 절반의 사람이 죽는다"가 되겠네요.

여기서 잠깐, 평균 수명에 대해 정리한 표를 '생명표(生命表)'라고 합니다(그림 4).

생명표에는 성별과 나이에 따라 다음 생일까지 살아남을 생존율과 죽게 될 사망률, 그 밖에 평균 여명 등이 나와 있습니다. 생명표와 용어의 해설은 후생노동성의 누리집(한국은 통계청)에 공개되어 있으므로, 관심이 있는 분은 찾아보시기 바랍니다.

생명표에서 주어진 10만 명당 생존자 수와 사망자 수를 남녀별 그래프로 살펴봅시다(그림 5).

생존자 수는 왼쪽 축, 사망자 수는 오른쪽 축의 눈금을 읽으면

그림 4 · 2010년 일본의 생명표(남)

나이	생존자 수	사망자 수	생존율	사망률	평균 여명	정상 인구	
x	l_x	$_nd_x$	$_np_x$	$_nq_x$	e_x	$_nL_x$	T_x
0주	100 000	92	0.99908	0.00092	79.55	1 917	7 955 005
1	99 908	11	0.99989	0.00011	79.60	1 916	7 953 089
2	99 897	9	0.99991	0.00009	79.59	1 916	7 951 173
3	99 888	7	0.99993	0.00007	79.58	1 916	7 949 257
4	99 881	28	0.99972	0.00028	79.57	8 983	7 747 342
2월	99 853	19	0.99981	0.00019	79.50	8 320	7 938 358
3	99 834	37	0.99962	0.00038	79.43	24 953	7 930 038
6	99 796	43	0.99957	0.00043	79.21	49 887	7 905 085
0년	100 000	246	0.99754	0.00246	79.55	99 808	7 955 005
1	99 754	37	0.99963	0.00037	78.75	99 733	7 855 198
2	99 716	26	0.99974	0.00026	77.78	99 704	7 755 464
3	99 690	18	0.99982	0.00018	76.80	99 681	7 655 761
4	99 672	13	0.99987	0.00013	75.81	99 665	7 556 080
5	99 659	11	0.99989	0.00011	74.82	99 653	7 456 415
6	99 647	10	0.99990	0.00010	73.83	99 642	7 356 762
7	99 637	9	0.99991	0.00009	72.84	99 632	7 257 120
8	99 628	8	0.99992	0.00008	71.84	99 623	7 157 488
9	99 619	8	0.99992	0.00008	70.85	99 615	7 057 865

알 수 있습니다. 0세 근방에서 사망자 수가 많은데, 이는 높은 신생아 사망률에 따른 것입니다. 이 자료에서 평균 수명은 남성이 79.55세, 여성은 86.30세로 되어 있습니다.

이제 '평균 수명보다 먼저 죽는 비율'을 알아보기 위해 남성의 평균 수명인 약 80세 근방에 주목해봅시다. 79세일 때의 생존자 수는 10만 명당 61,985명입니다. 또 80세일 때에는 58,902명입니다. 이는 절반 이상의 남성이 살아 있다는 뜻입니다. 82세 때에는 52,169명이다가 83세 때 48,550명이 되어 절반 이하가 됩니다. 그러니 실제로 '절반의 사람이 죽는 것은 82세와 83세 사이'라고 할 수 있습니다.

마찬가지로 여성을 살펴보면 평균 수명인 86세 때의 생존자 수

그림 5 · 생명표로 그린 생존자 수와 사망자 수의 분포 그래프

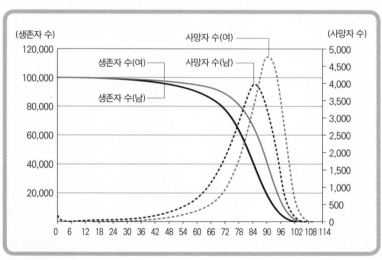

는 10만 명당 62,867명, 87세 때에는 59,134명입니다. 역시 절반 이상의 여성이 살아 있습니다. 89세 때에는 50,771명, 90세 때에 46,228명이 되어 이 부근에서 절반 이하가 됩니다. 이에 따르면 '여성의 절반이 죽는 것은 89세와 90세 사이'가 됩니다.

의외인 것은 남녀 어느 쪽을 보아도 '**평균 수명보다 먼저 죽는 사람의 수는 절반보다 적다**'는 사실입니다. 평균 수명 나이 때는 약 60%의 사람이 살아 있습니다. 이는 사망자 수의 그래프를 보면 알 수 있는데, 분포가 오른쪽으로 치우쳐 있습니다. 즉, 사망 나이가 좀 더 고연령 쪽에 치우쳐 있다는 뜻입니다. 실제로 절반의 사람이 사망하는 것은 평균 수명보다 2년 정도 지나서라고 합니다.

평균 여명이 늘어난다

그럼 다음으로 이런 질문은 어떤가요?

> 65세 남성의 평균 여명은 18.74년, 65세 여성의 평균 여명은 23.80년이다. 그럼 (이 시점에서) 75세인 사람의 평균 여명은 몇 년인가?

"평균 여명에서 10년을 빼서 남성은 8.74년, 여성은 13.80년이지요?"라고 말하고 싶지만 조금 다릅니다.

약간의 도움말. 평균 여명은 '그 나이에 살아 있는 사람이 이후에 평균적으로 몇 년을 살 것인가?'라는 것입니다. 즉, 65세인 사

그림 6 · 평균 여명이 빗나가는 구조

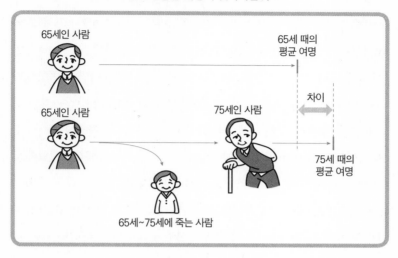

람들의 평균 여명이란 '65세부터 75세 사이에 죽는 사람도 포함하는 여명'인 것입니다(그림 6).

이러한 사실을 고려해보면 75세 남성의 평균 여명은 11.45년이고 여성은 15.27년이 됩니다. 이처럼 평균 여명은 단순한 뺄셈만으로는 알 수 없는 구조로 되어 있습니다. 또 이러한 예도 있습니다.

> 1890년부터 1897년 사이에 남성의 평균 수명은 42.8세이고, 여성의 평균 수명은 44.3세였다. 이때 40세인 남성과 여성의 평균 여명은 각각 몇년 정도인가?

그 당시 평균 수명까지 살아 있던 사람의 여명은 어느 정도였을까요? 참고로 2009년의 간이 생명표를 보면 (평균 수명과 거의 같은) 80세 남성의 평균 여명은 8.66년, (마찬가지로 평균 수명과 거의 같은) 86세 여성의 평균 여명은 7.83년으로 되어 있습니다.

위 질문의 정답은 남성 25.7년, 여성 27.8년입니다. 2009년과 견주어 평균 여명이 꽤 길지요. 왜 이런 일이 일어난 것일까요?

앞에서 평균 수명까지 생존해 있는 사람이 절반보다 많은 60% 정도가 된다는 것을 확인했습니다(그림 5). 그와 마찬가지로 옛날에도 '사망자 수의 분포가 오른쪽으로 매우 치우쳐 있었기' 때문일까요?

아닙니다. 냉정하게 생각해보니 참 이상하네요. 평균 수명이 늘어나고 있으니까 오히려 현대에 가까울수록 사망자 수의 분포 그래프가 오른쪽으로 치우쳐 있어야 할 것입니다. 그렇다면 도대체 무엇이 원인일까요?

시대를 거슬러 올라가 1947년부터 2005년까지 사망자 수의 분포 그래프를 봅시다(그림 7).

1947년의 그래프에서는 0세 가까이에서 사망자 수의 최고점이 있습니다. 메이지 시대(1868년~1912년)에는 현재보다 훨씬 많은 아기가 태어나자마자 죽었습니다. 태어나서 얼마 지나지 않은 시점에 사망자 수가 최대에 이르고 있다는 사실이 0세 때의 평균 여명＝평균 수명을 많이 끌어내린 것입니다. 시대마다 분포의 변화를 보지 않으면 실제 상황을 올바르게 파악할 수 없습니다.

평균값은 여러 가지로 편리하게 쓰이지만 이것만으로는 사실을 무척 잘못 이해할 수 있습니다. 평균 수명은 일종의 기댓값이므로

그림 7 • 사망자 수 추이*

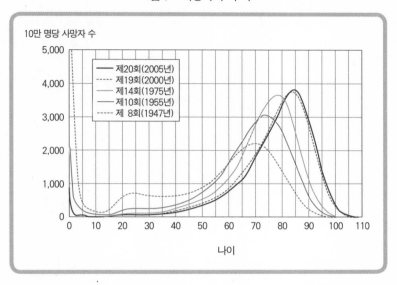

이것만 보아서는 올바른 상황을 알 수 없답니다.

하지만 〈그림 8〉과 같이, 평균 여명을 앞에서처럼 도식(그림 6)을 사용해 나타내면 생각을 정리할 수 있을 것입니다.

앞의 절 '불경기인데 소득이 오르다니'는 정보의 일부만을 보고 전체를 잘못 보는, 이른바 '나무를 보고 숲을 보지 못하는' 오류의 사례를 보았습니다. 이번 절에서는 '숲을 보되 나무를 보지 못하는' 오류에도 주의를 기울여야 함을 살펴보았습니다.

....
* 2005년 일본 후생노동성이 작성한 「제20회 생명표(완전생명표)」 자료에 따른 것입니다.

그림 8 · 현재와 과거의 차이(남성)

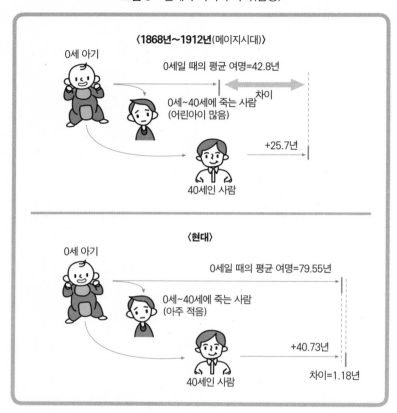

암에 걸렸을 확률은

5월 7일

건강을 돌보지 않는 것은 역시 좋지 않다. 건강하게 오래 살려면 몸의 변화에 민감해져야 한다. 쇠뿔도 단김에 빼라고 했다. 바로 건강검진을 받았다.

우편으로 배송된 결과를 보니, 위 엑스선 촬영 결과 '정밀 검사가 필요함'이라고 쓰여 있었다. 인터넷으로 찾아보니, 실제로 암에 걸린 환자에게 정밀 검사가 필요하다고 나오는 비율이 약 90%라고 한다. 이것은 '위암일 가능성이 매우 높음'이라는 의미가 아닐까? 걱정이다.

암 검진에서 정밀 검사가 필요하다는 말을 듣는다면

'정밀 검사가 필요하다'는 말을 들으면 걱정이 되는 것은 자연스러운 일이지요. 실제로 암에 걸린 환자가 정밀 검사를 받을 필요가 있다는 말을 듣는 비율이 약 90%라고 할 때, 정밀 검사를 요구받았다면 꽤 높은 확률로 암에 걸린 것처럼 느껴집니다. 중요한 문제이니 이번 기회에 검증해봅시다.

비율이라는 것은 슈퍼마켓 같은 곳에서 '30% 세일', '20% 할인'처럼 흔히 사용됩니다. 이 같은 표시를 한다는 것은 가격을 할인한 뒤의 금액이 대략 어느 정도 되는지 많은 손님들이 계산할 수 있다는 뜻이겠지요. 사실 모든 사람이 비율을 이해하고 있다는 것은 굉장한 일이라고 생각합니다.

그러나 비율의 통계에서도 이해하기 어려운 것이 있지요. 소금물의 농도 계산이 그 예인데, 중학생들에게 다음과 같은 문제를 내면 이상한 답을 하는 아이들이 꼭 나옵니다.

> 5% 농도의 소금물 100g과 3%의 소금물 400g을 섞어서 만든 소금물의 농도는 몇 %인가?

이와 같은 문제를 내면, '4%'라고 답을 적는 아이가 있습니다. 5%와 3%의 중간인 4%라고 하는 것이지요. 어떤 느낌인지 이해는 되지만 틀렸습니다.

정답은 3.4%입니다. 소금의 양은 $0.05 \times 100 + 0.03 \times 400 =$

5+12=17(g)이 되고 소금물 전체는 100+400=500(g)이므로 농도는 (17÷500)×100=3.4(%)가 됩니다. 비율을 파악하기 위해서는 계산이 꼭 필요합니다. 아무 생각도 하지 않고 직감만으로는 이해할 수 없습니다.

이처럼 까다로운 비율보다 더욱 까다로운 것이 확률입니다. '정밀 검사가 필요하다는 판정을 받은 사람이 실제로 암에 걸렸을 확률'은 꼭 이해하고 싶은 중요한 숫자입니다. 그런데 이것을 알기는 아주 어렵습니다. 수학자도 계산을 해보지 않으면 알 수 없습니다.

이 절 글머리에 있는 일기의 경우를 예로 들어, 다음과 같이 가정하면 어떨까요?

> **(가정 1)** 검진을 받은 사람 1,000명 중에 1명은 실제로 암 환자이다.
> **(가정 2)** 암에 걸린 사람이 정밀 검사가 필요하다는 판정을 받을 확률은 90%이다.
> **(가정 3)** 실제로 암에 걸리지 않았으나, 양성반응이 나와 정밀 검사를 받게 되는 확률은 10%이다.

이와 같이 어떤 조건을 가정할 때의 확률을 '조건부확률'이라고 합니다. 이번 경우에는 "정밀 검사가 필요하다는 것을 조건으로 했을 때, 이에 해당하는 사람이 실제로 암 환자일 것이다"라는 조건부확률을 구하는 문제가 됩니다.

이러한 가정을 바탕으로 하면 일기의 주인공이 암에 걸렸을 확률은 얼마일까요? 50%보다 높을까요? 아니면 낮을까요?

감각적으로는 50%보다 높을 것이라고 생각되지 않나요?

왜냐하면 암에 걸린 사람이 정밀 검사가 필요하다고 판정될 확률은 90%이고, 암에 걸리지 않았는데도 불구하고 양성반응이 나와서 정밀 검사를 받으라고 통보받을 확률이 10%이기 때문입니다. 정밀 검사가 필요하다고 통보받은 시점에 9할이 암이라면…. 침착함을 잃지 않으려고 "아니, 정밀 검사를 받더라도 아무 일이 없는 사람이 의외로 있었을지도 몰라"라고 자신의 경험을 돌이켜보며 진정시키려고 해도 역시 진정되지 않는, 이런 감정은 아닐까요?

이유를 알았으니 빨리 계산해보면 좋겠지만, 수학자라도 이런 소식을 듣자마자 계산하는 것은 무리이겠지요. 어떻게든 진정하고 생각해봅시다.

▌양성반응이 나와도 암에 걸리지 않았을 확률

가정 1, 2, 3을 따로 나누어 생각해보겠습니다.

(가정 1) '암에 걸린 사람'이 1,000명 중 1명이라는 것은 0.1%입니다. 애초에 암에 걸린 사람은 매우 드물다는 말입니다.

(가정 2) '정밀 검사를 받을 필요가 있는 비율(양성반응이 나올 확률)이 90%'라고 하면, 암에 걸린 사람을 매우 높은 확률로 검출하는 것처럼 생각됩니다. 하지만 잘 읽어보면 (가정 2)는 '실제로 암에 걸린 사람이 1차 검사 결과, 정밀 검사가 필요하다는 통보를 받

게 될 확률이 90%'라는 의미입니다.

(가정 3)은 암에 걸리지 않았는데도 검사가 잘못되어 양성으로 나올 확률이 10%라는 뜻이네요.

이제 이 세 가지 가정을 수형도로 정리해봅시다(그림 9).

그림 9 • 이야기를 정리해보면…

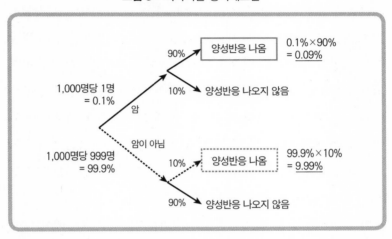

실제로 암에 걸려 있으면서 양성반응이 나올 확률을 계산해보면 0.1%×90%=0.09%입니다. 그리고 실제로 암에 걸려 있지 않으면서 양성반응이 나올 확률은 99.9%(암에 걸리지 않았을 확률)×10%(암에 걸리지 않았는데 양성반응이 나올 확률)=9.99%가 됩니다.

결국 양성반응이 나올 확률은 이 두 확률을 더한 것이므로 0.09%+9.99%=10.08%입니다. 이 가운데 실제로 암에 걸려 있을 확률은

$$\frac{0.09}{10.08} = 0.008928571\cdots\cdots$$

이 됩니다. 약 0.9%입니다. 그러니 일기를 쓴 사람이 암에 걸려 있을 확률은 실제로 1%도 되지 않습니다. 기쁘게도 예상보다 훨씬 낮네요.

참고로 현실에서 실제 자료는 어떤지 덧붙여 보겠습니다. 위암 검사로 위암이 발견될 비율은 (나이나 지역, 성별에 따라 다르지만) 거의 1,000명당 1명 정도입니다. 위 엑스선 검사에서 정밀 검사를 필요로 한다는 판정이 나올 확률은 11% 안팎입니다. 실제 자료도 여기서 든 예와 거의 비슷하지요.

위와 같이 사고하는 방법을 수학적으로 정리한 것을 '베이즈* 정리'라고 합니다. 베이즈 정리는 이른바 시간을 거꾸로 돌리기 위한 정리입니다. 보통은 원인으로부터 결과를 추정하지만, 베이즈 정리에서는 거꾸로 결과로부터 원인을 추정합니다. 곧, 베이즈 정리에서는 '원인으로부터 결과가 나올 확률을 계산'하는 것이 아니라, '결과로부터 원인이 있었을 확률을 계산'하는 것입니다. 원래 베이즈 정리는 좀 더 일반적인 형태를 띠고 있지만, 생각하는 방식은 위암 검사의 예와 같습니다.

그런데 베이즈 정리로부터 도출되는 결론은 왜 의외라는 인상을

---

* 토마스 베이즈(Thomas Bayes, 1702-1761): 영국의 수학자, 신학자. 확률론과 통계학에 이바지함. – 옮긴이

주는 걸까요? 위암 검사의 예를 사용하여 생각해보도록 하지요. 이번에는 설정을 조금 바꿔보겠습니다.

X년 뒤 위암을 검사하는 기술이 발달해 위암에 걸렸다면 '100% 알아낼 수 있는' 검사법이 나왔다고 합시다. 이전에 위암을 검사할 때 사용하던 검사법과 견줄 수 없을 만큼 완벽한 정밀도로, '암에 걸렸다면 100% 양성으로 나오는' 대단한 검사 방법입니다. 실제로 암이 아니지만 검사에서 양성이 나올 확률은 앞서 예로 든 검사와 마찬가지로 10%입니다.

제가 이 검사를 받아서 양성이 나왔다고 합시다. 대개는 여기서 깜짝 놀라지 않을까요? 정밀도가 100%라는 것은 자신이 틀림없이 위암에 걸렸을 거라고 생각하게 만듭니다.

확실히 하기 위해 앞과 같은 수형도를 만들어 검증해봅시다.

수형도를 사용하면 앞에서 살펴보았듯이 '양성이라고 진단을 받은 사람이 실제로 암에 걸렸을 확률'을 계산할 수 있습니다(그림 10).

$$\frac{0.1}{0.1 + 9.99} = 0.009910802\cdots$$

결과는 약 0.99%입니다. '100% 알아낼 수 있는 검사법'이 그렇지 않은 검사법보다 확률이 조금 높지만, 그래도 1%에는 미치지 못합니다. 절망하기에는 너무 적은 확률이지 않나요?

우리는 '암에 걸린 사람이 검사에서 양성이라고 판정을 받을 확률(이번 2개의 예에서는 각각 90%, 100%라는 부분)'에 주목하는 경향

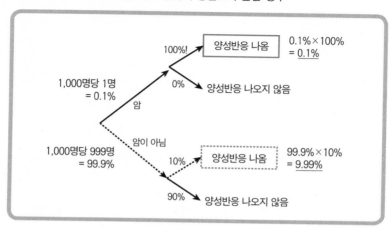

그림 10 · 검사의 정밀도가 높은 경우

이 있습니다. 그러나 이야기를 정리하여 계산해보면, 정말로 중요한 숫자는 이것들이 아닙니다. 중요한 것은 '**암에 걸리지 않았는데도 잘못되어(또는 암에 걸린 사람을 놓치지 않도록 여유를 두고?) 양성이라는 진단을 받을 확률**', 이번의 예에서는 10%라는 숫자입니다.

스팸 메일 걸러내기

베이즈 정리의 원리는 단순하지만, 여러 가지 용도로 응용되고 있습니다. 대표적으로 응용되는 예가 스팸 메일을 걸러내는 기술이지요. 베이즈 정리를 이용해 스팸 메일을 가려내는 기술을 베이지안 필터(Bayesian filter)라고 합니다.

메일을 가려내는 원리는 이렇습니다. 먼저, 도착한 메일을 '스팸 메일'과 '일반 메일'로 분류합니다. 때로는 아는 사람에게서 온 메일이라도 싫어하는 일을 의뢰받는 것처럼 느껴지는 '심리적 스팸 메일'이 있습니다. 그러므로 스팸 메일인지를 판단하는 기준은 개인에 많이 의존한다고 말할 수 있습니다. 그래서 초기에는 어느 정도 사람의 힘으로 적합하지 않은 것을 가려낼 필요가 있습니다.

스팸 메일에는 특징적인 단어가 포함되어 있는 경우가 많지요. 이를테면 메일 제목에 '무료'라는 낱말들이 들어 있는 경우에, 그 메일은 스팸 메일일 확률이 높지 않을까 하는 생각이 듭니다. 성적인 낱말을 포함한 메일도 스팸 메일일 가능성이 높지요. 이처럼 스팸 메일의 특징을 보여준다고 생각되는 낱말이 있으므로, 그 낱말을 포함하는 것들을 여기서는 간단히 '특징 있음'이라고 하겠습니다.*

문제는 "어떤 메일이 '특징 있음'이라는 조건에서, 스팸 메일일 확률이 어느 정도인가" 하는 것입니다. 이것도 앞에서 다룬 암 검진의 예와 마찬가지로 조건부확률의 하나입니다. "조건부확률이 적당히 정해진 기준(이를테면 90%와 같이)보다 높으면 스팸 메일로 판정한다"는 규칙을 정해두고, 스팸 메일일 것이라고 강하게 의심

----

* 실제로 스팸 메일의 특징을 파악하기 위해서는 여러 가지로 번거로운 과정을 거쳐야 합니다. 먼저 메일의 문장을 의미 있는 낱말로 분해하기 위한 형태소 해석 등이 필요합니다. 그 다음에 스팸 메일에서 출현 빈도가 높은 낱말을 등록해나가게 되는데, 일반적으로 '무료' 같은 낱말과 '교제', '등록'과 같은 낱말은 함께 나오는 경우가 많으므로, 단지 낱말이 들어 있는지를 확인하는 것만으로는 엉성하다고 하겠습니다. 정밀도를 높이기 위해서는 좀 더 복잡한 일을 해야 하는데, 여기서 스팸 메일 필터의 상세한 내용을 기술하는 것은 본론과 관련이 없으므로 생략합니다.

되는 메일을 스팸메일함에 넣는 것이 스팸 메일 필터의 기본 생각입니다.

이때 90%와 같이 기준이 되는 값을 '임계값'이라고 합니다. 임계값을 너무 크게 하면 몹시 의심스럽지 않으면 스팸 메일로 판정되지 않으며, 반대로 너무 작게 하면 조금만 의심스러워도 스팸 메일로 판정해버립니다. 그러므로 임계값은 잘 조정해야 할 필요가 있습니다.

실제의 예를 가지고 스팸 메일 필터의 구조를 살펴봅시다.

> 어떤 사람의 메일함은 스팸 메일이 전체의 30%이다. 그중에서 30%는 '무료'라는 낱말이 제목에 들어 있다. 스팸 메일이 아닌 메일 중에도 1%에는 '무료'라는 낱말이 제목에 들어 있다.

새로 도착한 메일이 '특징 있음'(제목에 '무료'라는 낱말이 있음)인 경우, 그 메일이 실제로 스팸 메일일 확률을 생각해봅시다. 위암 검진의 경우와 마찬가지로 수형도를 그리면 〈그림 11〉과 같습니다.

스팸 메일이면서 동시에 '특징 있음'으로 판정될 확률은 30%×30%=9%가 됩니다. 스팸 메일이 아니지만 '특징 있음'으로 판정될 확률은 70%×1%=0.7%가 됩니다. 따라서 메일이 '특징 있음'으로 판정될 확률은 이 둘을 더한 9%+0.7%=9.7%가 됩니다. 여기에서 구하는 확률은

그림 11 · 스팸 메일 필터가 작동하는 방법

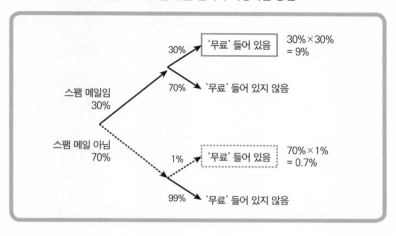

$$\frac{9}{9.7} = 0.927835\cdots\cdots$$

가 되어 약 93%입니다. 따라서 만일 임계값이 90%라고 한다면 이 메일은 스팸 메일로 판정될 것입니다.

이 판정이 실제로 맞는지 어떤지는 메일함의 소유자가 판단하고, 그 판단에 기초해 자료를 갱신해갑니다. 이에 따라 조건부확률의 값도 차츰 갱신되어가는 것이 스팸 메일 필터가 작동하는 구조입니다.

사람들은 복권을 살 때 당첨될 확률이 아무리 낮더라도 당첨되어 매우 기뻐하는 자신의 모습을 떠올리지는 않을까요? 우리는 '1등 3억 엔!'과 같이 강한 인상을 주는 숫자를 보면 확률적으로 드문 일을 과대평가해 버리는 경향이 있습니다.

'하나하나의 비율만 보고 전체의 비율을 보지 않는' 것은 본질을 보지 못하게 되는 원인입니다. 강한 인상을 주는 숫자를 볼 때, 실제 확률이 어느 정도인지 일단 계산해보면 전혀 다른 결론이 나올지도 모르지요.

사람이 사람을 모은다

6월 21일

이제 곧 올림픽이다. 여러 경기가 열리지만, 내 관심은 남자 100미터 달리기에 있다. 1, 2위를 다투는 상위권의 세계는 통계적으로 보면 매우 흥미로운 소재이다.

남자 100미터 달리기의 세계기록을 살펴보면, 지금은 9초대를 다투고 있다. 1위와 2위의 차는 거의 0.01~0.1초 정도밖에 되지 않는다. 아주 작은 차이가 '메달을 딸 수도 못 딸 수도 있는' 커다란 차이가 되어 나타난다.

다른 종목도 그렇다. 전국 규모로 진행되는 야구 리그의 타율에서 역대 최고 기록을 살펴보면 상위 타자들은 3할 이상이고, 그 차이는 거의 1~2% 정도밖에 되지 않는다.

이처럼 아주 작은 차이를 다투는 냉엄함은 스포츠 이외의 분야에도 해당된다고 생각한다. 어느 세계에서나 최고의 자리에 있는 프로는 0.1 미만의 차이를 위해 고통을 견디고 있는 것이다.

접전인가, 압승인가

스포츠 세계에서는 아주 작은 차이로 순위가 결정됩니다. 그렇다면 전혀 다른 분야는 어떨까요? 스포츠처럼 1위와 2위의 차이가 정말로 작을까요? 바로 실제 자료로 확인해봅시다.

〈그림 12〉에는 이메일 매거진*의 발행 부수 순위가 나와 있습니다. 이메일 매거진은 전송 서비스 회사 '마구마구'의 무료 이메일 매거진의 발행 부수를 세로축으로 하고 순위 50위까지를 가로축으로 하여 나타낸 것입니다(2013년 5월 12일 시점).

그림 12 • 이메일 매거진의 발행 부수와 순위의 관계

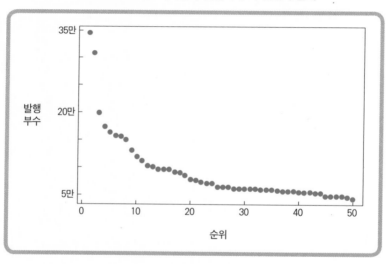

---

* 전자우편을 이용해 잡지를 전송하는 서비스. 웹진(웹 매거진)이 월드와이드웹(www)을 이용하여 잡지를 제공하는 방식이어서 독자가 찾아가야 하는 번거로움이 있는 것과 달리, 이메일 매거진은 전자우편을 이용하여 발송되므로 간편하게 구독할 수 있음. ─옮긴이

이 그래프를 보면 1순위의 잡지가 다른 것들을 압도하고 있는데, 근소한 차이가 아닙니다. 오히려 순위가 낮아지면서 차이가 작아지고 있습니다.

순위가 낮아지면 발행 부수도 적어지므로 그래프의 오른쪽처럼 되는 것은 필연인데 전체로 보면 반비례 그래프와 비슷합니다. 그런데 최상위권 순위에서 근소한 차이가 나지 않는 데에는 뭔가 이유가 있어 보입니다. 좀 더 깊게 검토해봅시다.

이중 로그 그래프에 보이는 법칙

먼저 '반비례와 이중 로그 그래프'에 관해 설명하겠습니다.

그림 13 · 반비례 그래프

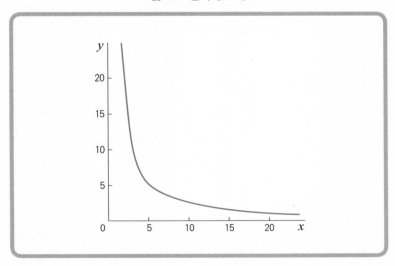

이를테면 넓이가 24인 직사각형의 세로와 가로의 길이를 각각 x, y라고 하면, $y = \dfrac{24}{x}$로 나타낼 수 있습니다. 그래프를 그리면 〈그림 13〉과 같습니다. 이것이 반비례 그래프입니다.

'이중 로그 그래프'에서 '로그'라는 것은 '수를 자릿수로 표현한 것'이라고 생각하면 이해하기 쉬울 것입니다. 이를테면 1,000은 10^3(10의 세제곱)인데 이때 지수인 3이 로그가 됩니다.* 3에 1을 더하면 자릿수가 되네요.

x축과 y축 양쪽을 모두 로그 눈금으로 그린 그래프가 이중 로그 그래프입니다. 〈그림 13〉의 그래프를 이중 로그 그래프로 바꾸면 〈그림 14〉와 같이 됩니다. 반비례 그래프가 직선이 되었습니다. 앞에서는 휘어져 있던 관계가 반듯한 직선 관계로 바뀌었네요. 이것이 이중 로그 그래프의 좋은 점입니다.

〈그림 13〉은 x의 1제곱에 반비례하는 그래프이지만 이중 로그 그래프(그림 14)로 바꾸면 '왼쪽 위에서 오른쪽 아래로 정확히 $45°$로 기울어 내려가는 그래프'가 됩니다. 여기서 '1제곱'의 1을 다른 숫자로 바꾸면, 이를테면 x^2에 대한 반비례가 되면 직선의 기울기는 더 가파르게 됩니다. 반대로 숫자를 작게 하면 직선의 기울기가 완만하게 됩니다. 이 '직선의 기울기'는 이중 로그 그래프를 볼 때

....

* 여기서 쓰인 로그를 상용로그라고 함. 간단히 설명하면, 일반적으로 함수 $y = a^x$($a > 0$, $a \neq 1$)은 일대일 대응이기 때문에 임의의 양수 N에 대해서 $a^x = N$을 만족시키는 실수 x가 반드시 하나 존재함. 이 x의 값을 a를 밑으로 하는 N의 로그라고 함. 이때 a가 10인, 곧 밑을 10으로 하는 로그인 $\log_{10} N$이 상용로그임.

그림 14 • 반비례 그래프를 이중 로그 그래프로 변환한 것

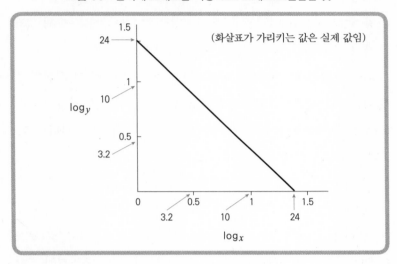

그림 15 • 이메일 매거진의 순위를 이중 로그 그래프에 나타낸 것

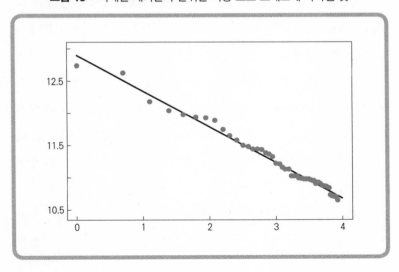

중요합니다.

자, 이제 이메일 매거진 순위 이야기로 되돌아갑시다. 순위 그래프를 바로 이중 로그 그래프로 나타내봅시다(그림 15).

보시는 바와 같이 직선과 멋지게 맞아 떨어지네요. 이 직선의 기울기를 계산해보면 -0.54244가 됩니다.

이 값을 사용하여 순위와 발행 부수의 관계를 식으로 나타내면

$$이메일\ 매거진\ 발행부수 = \frac{398212.1}{순위^{\,0.54244}}$$

이 됩니다. 분자의 398212.1은 전체를 이중 로그 그래프로 보고 직선에 근사시킨 경우에 순위가 1위가 되는 이메일 매거진의 발행 부수에 해당하는 값입니다. 이 식에서 순위가 2배가 되면 발행 부수는 0.6866087배가 됨을 알 수 있습니다. 대략적으로 말하면 '순위가 2배가 되면 발행 부수는 원래 발행 부수의 약 70%가 된다'는 것입니다.

그렇지만 이런 내용만으로는 근거가 약할지도 모르겠습니다. 이메일 매거진의 발행 부수는 서로 관계가 없습니다. 즉, 서로 독립입니다. 독립인 발행 부수를 많은 쪽부터 순서대로 나열했을 때, 이와 같은 느낌을 주는 관계가 나오는 것이 그다지 이상한 일은 아닐 것입니다.

그러면 무작위로 생성된 수를 사용해도 같아지는지 실제로 시행해봅시다.

그림 16 · 50개의 난수를 나열한 것

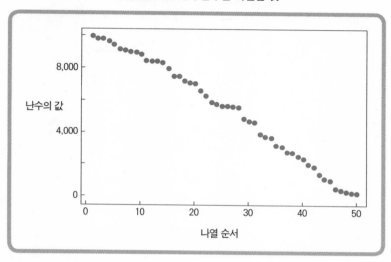

먼저 1부터 10,000까지에서 무작위로 50개의 수를 뽑아봅시다. 무작위로 뽑힌 수라는 것은 '1부터 10,000까지 중 어떤 수가 추출될 확률이 똑같이 $\dfrac{1}{10000}$ 이 되는 수', 곧 난수(亂數, random number)입니다. 이와 같은 난수 50개를 큰 것부터 작은 것으로 1번, 2번, …, 50번까지 순서대로 배열합니다. 그 결과는 〈그림 16〉과 같습니다.

역시 오른쪽으로 갈수록 아래로 내려갑니다. 그럼 이것을 이중 로그 그래프로 나타내봅시다(그림 17). 이번에는 이메일 매거진일 때와 달리 직선이 되지 않습니다. 이 난수는 순위의 영향을 받은 것은 아닙니다. 다시 말해서 '순위가 몇 위인가' 하는 것과 전혀 관계없이 추출된 난수입니다.

그림 17 · 난수의 나열 순서를 이중 로그 그래프로 나타낸 것

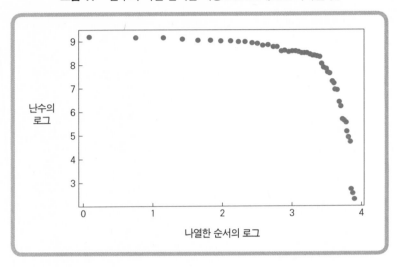

곧, 단순히 난수를 나열하는 것과 이메일 매거진의 순위하고는 차이가 있습니다. 바꾸어 말해 '이메일 매거진에서는 순위가 발행 부수에 영향을 주고 있다'는 것입니다(56쪽 등식 참조).

게다가 이메일 매거진의 세계는 승자 독식에 가깝습니다. 앞에서 본 바와 같이 1위와 2위의 차이는 4만 부 이상이고 1위와 3위의 차이는 15만 부나 됩니다. 2위, 3위가 쉽게 1위를 따라잡을 수 있을 정도로 차이가 작은 게 아닙니다.

그러나 신중하게 생각해봅시다. '사실 순위와 부수의 관계는 이메일 매거진의 특수한 사정 때문은 아닐까?'라고 생각할 여지가 아직 남아 있는 것 같습니다.

도시 인구의 순위

그러면 전혀 다른 순위 자료를 봅시다. 〈표 6〉은 1920년 일본의 인구 현황입니다.

1920년 무렵의 일본은 지금보다 인구가 적어 5600만 명밖에 되지 않았습니다. 1위인 도쿄시는 지금의 도쿄 23구에 해당하는데, 인구가 217만 명이었습니다. 이는 현재의 나가노 현 정도의 인구입니다. 2위인 오사카시의 인구는 도쿄시의 반 정도였습니다. 이 시기와 현대의

표 6 · 1920년 일본 각 도시의 인구

	도시	인구
	일본 전체	55,963,053
1	도쿄	2,173,201
2	오사카	1,252,983
3	고베	608,644
4	교토	591,323
5	나고야	429,997
6	요코하마	422,938
7	나가사키	176,534
8	히로시마	160,510
9	가네자와	129,265
10	센다이	118,984

공통점을 든다면 인구가 도쿄에 집중되어 있다는 것일까요?

그러면 이 자료를 이중 로그 그래프로 살펴봅시다(그림 18). 여기서는 로그 값을 상용로그(밑이 10인 로그)가 아닌 자연로그(밑이 e인 로그)로 나타냈습니다.*

점이 거의 직선의 형태로 나열되어 있네요. 즉 이메일 매거진의 예와 마찬가지로 이중 로그 그래프가 직선입니다. 이 직선을 바탕으로 계산해보면,

....

* 자연로그는 밑이 e인 로그인데, e는 무리수로서 $e = \lim_{x \to 0}(1+x)^{\frac{1}{x}}$ 또는 $e = \lim_{t \to \infty}(1+\frac{1}{t})^{t}$ 로 정의되고, 그 값은 2.71828182845904……임. - 옮긴이

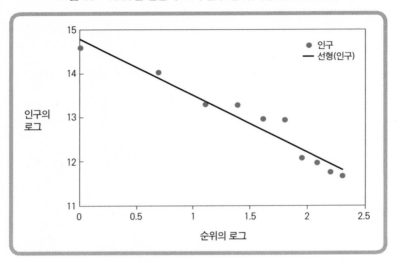

그림 18 · 1920년 일본의 도시 인구 순위(이중 로그 그래프)

$$도시의\ 인구 = \frac{2231222}{순위^{1.16134}}$$

라는 관계가 성립합니다. 분자의 수는 자료를 이중 로그 그래프로 보고 직선으로 근사시킨 경우에 1순위가 되는 도시 인구에 해당하는 수입니다.

1920년 무렵의 일본 인구와 이메일 매거진의 발행 부수. 관련성이 거의 없어 보이는 자료에서 웬일인지 공통되는 경향을 발견할 수 있습니다. 이처럼 '이중 로그 그래프가 직선이 되는' 법칙을 '지프* 법

....

* 조지 K. 지프(George Kingsley Zipf, 1902-1950): 여러 언어에서 통계적 사건을 연구한 미국의 언어학자이자 문헌학자. - 옮긴이

칙'이라고 합니다. 지프 법칙은 여러 현상에 들어맞는 것이어서 이미 들어본 적이 있을지도 모르겠네요.

이를테면 도시의 인구 규모에 대한 지프 법칙은 현대에도 유효합니다. 일본의 도시 인구 규모에 관한 2013년 4월 1일 현재의 자료를 보면 물론 도쿄가 1위인데, 21위까지를 이중 로그 그래프로 대략 나타내보면 〈그림 19〉와 같습니다.

역시 선형적인 관계를 나타내고 있네요. 자세히 살펴보면 도시의 인구와 순위 사이에 근사적으로

$$도시의\ 인구 = \frac{7101027}{순위^{0.77548}}$$

그림 19 · 일본 도시 규모의 순위 법칙(이중 로그 그래프)

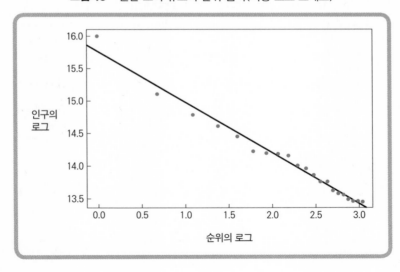

이라는 관계가 있습니다. 분자의 수는 자료를 이중 로그 그래프로 나타내고 직선에 근사시킨 경우에 1순위가 되는 도시 인구에 해당하는 수입니다. 역시 이메일 매거진에서 나타난 관계와 동일한 관계를 보이고 있군요.

아무튼 신기한 법칙인데 이메일 매거진과 도시의 공통점으로 '사람이 사람을 모은다'는 성질이 있는지도 모르겠네요. (많은 사람이 구독하는) 상위 순위에 있는 이메일 매거진은 구독자가 많은 것이 잡지 자체가 재미있다는 걸 증명하는 게 되고, 이 점이 더 많은 구독자를 끌어들이는 요인이 되는 것이겠지요. 대도시 또한 이미 사람이 많이 모여 있어서 일거리가 늘어난다든지 편리해진다든지 하기 때문에 더 많은 사람이 모여드는 긍정적인 순환이 나타나는 게 아닐까 하는 생각이 듭니다. 이처럼 순위 법칙은 여러 장면에서 볼 수 있지만 적용되지 않는 예도 있습니다.

일본의 행정구역 중에서 마치(町, 정)*의 인구를 이중 로그 그래프로 살펴봅시다(그림 20). 이는 2013년 6월 시점의 자료입니다.

아무래도 직선은 아닙니다. 순위가 낮은 쪽이 급하게 꺾여 내려가니까 직선 형태가 되지 않습니다. 앞서 〈그림 17〉 난수 순위에 관한 이중 로그 그래프가 있었는데, (지프 법칙이라기보다는) 오히려 그 경우에 가까운 것 같습니다.

마치의 인구 순위 사례가 무언가를 시사할 수도 있습니다. 마치

---

* 마치는 한국의 읍 또는 동에 해당함. - 옮긴이

그림 20 · 일본 '마치'의 인구 순위 법칙(이중 로그 그래프)

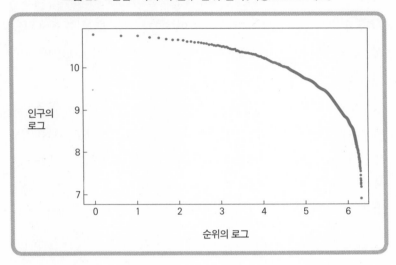

의 인구 순위처럼 작은 단위에서 지프 법칙이 성립하지 않는 것은, 일정 정도 이하로 규모가 작아지면 어느 마치에 산다는 게 무작위가 되어 별다른 영향을 끼치지 못하기 때문이 아닐까요?

그러고 보니 사실은 지프 법칙이 왜 성립하는가에 대해 아직 확실한 설명이 없습니다.

허버트 사이먼**을 필두로 많은 연구가 있었지만, 해명되지 않은 것들이 여전히 남아 있습니다. 물리학, 경제학, 정보과학 등을 연구하는 사람들이 지금도 계속해서 도전하고 있는 지프 법칙. 여러분도 이 신기한 수수께끼를 풀어보지 않겠습니까?

....

** 허버트 사이먼(Herbert Alexander Simon, 1916-2001): 노벨 경제학상을 수상한 정치학자, 인지심리학자, 경영학자, 정보과학자. – 옮긴이

부정한 회계인지
한눈에 알 수 있다

6월 27일

"휴대전화용 콘텐츠나 게임 소프트웨어를 개발하는 기업이
분식 회계*를 했다는 의심을 받아, 증권거래등감시위원회**로부터
6월 26일 금융상품거래법을 위반(유가증권 보고서의 허위 기재)한
혐의로 강제 조사를 받았습니다."

최근에 대기업이 분식 회계를 하고 있다는 뉴스가 잇달아 보도되고
있다. 회계 숫자를 조작함으로써 이익이 적어 보이도록 해 탈세를
하는 것이다. 게다가 이번 분식 회계에는 규모가 큰 감사법인이
관여되어 있다고 한다. 이런 상황이라면 분식 회계를 했는지
알아내기 아주 어려울 것이다.

하지만 세무서에서는 회계에 거짓이 있음을 멋지게 알아차렸다.
사람이 저지른 거짓을 파헤치는 것은 경험이 풍부한 사람만이 할 수
있는 일이다. 수학 지상주의자인 나조차도 '수학을 회계 분석에까지
응용하는 것은 불가능하다'라고 말할 수밖에 없으니 말이다.

....

* 분식회계(粉飾會計, window dressing settlement): 기업이 재정 상태나 경영 실적을
실제보다 좋게 보일 목적으로 부당한 방법으로 자산이나 이익을 부풀려 계산하는 회계.
분식결산이라고도 함. - 옮긴이
** 한국으로 치자면 금융위원회 안에 설치된 증권선물위원회. - 옮긴이

부정을 간파하는 수학

부적절한 회계 조작을 찾아내는 것은 분명 쉽지 않습니다. 하물 며 부정을 색출해야 하는 회계감사법인까지 결탁되어 있다면, 조 작이 있는지조차 알기 어려울 것 같습니다.

그런데 경제학자인 배리안은 여기에 이의를 제기했습니다. 이 같은 경우에도 회계장부에 부정한 점이 있는지 간파하는 방법이 있다고 합니다. 그것도 수학적인 방법으로 말이지요. 도대체 어떤 방법일까요?

장부라는 것을 떠올려보면, 거기에는 참으로 다양한 수가 나옵 니다. 물건이나 서비스의 가치는 제각기 다르므로 그러한 수를 더 하거나 뺀 값도 제각기 다르고, 어떤 규칙도 없다… 별 생각 없이 그렇게 느끼는 것은 아닐까요?

그런데 '수에는 규칙이 있다.' 배리안***은 이렇게 말합니다.

예전부터 알려져 있는 수에 관한 규칙으로 '벤포드**** 법칙'이라는 것이 있습니다. 벤포드 법칙이란 인구 관련 자료나 컴퓨터 파일 크 기와 같은 자료를 나타내는 수는 161974, 14739, 1980, 1476820 등과 같이 가장 큰 자리에 있는 수가 1일 때가 아주 많고 2, 3, …, 9처럼 수가 커짐에 따라서 그 빈도가 줄어든다는 것입니다(그림

*** 할 배리안(Hal Varian, 1947-): 미시경제학과 정보경제학을 전공한 미국의 경제학자. – 옮긴이
**** 프랭크 벤포드(Frank Benford, 1883-1948): 미국의 전기공학자, 물리학자. 자료 목록 에서 나타나는 첫 자리 수의 분포에 관해서 천문학자 사이먼 뉴컴(S. Newcomb, 1835- 1909)이 발견한 통계적 진술문인 벤포드 법칙을 재발견하고 일반화함. – 옮긴이

그림 21 · 벤포드 법칙

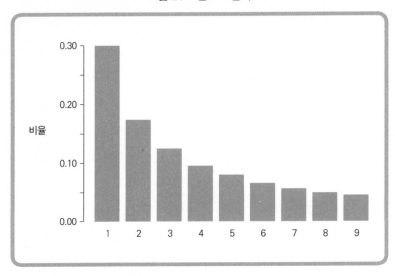

21).

맞습니다. 짐작한 대로 배리안의 아이디어는 '벤포드 법칙을 분식 회계를 간파하는 데에 응용한다'는 것이었습니다.

만일 누군가가 부정하게 회계 장부의 숫자를 조작했다면, 벤포드 법칙이 성립하지 않게 될 것입니다. 벤포드 법칙에 어긋나는지를 조사하면 분식 회계를 했는지 알 수 있다는 것입니다.

하지만 〈그림 21〉을 보면 께름칙한 점이 있습니다. 도대체 1이 왜 이렇게 많이 나올까요? 솔직히 말해 뭔가 좀 잘못된 그림이 아닐까요?

여기서 1부터 99까지의 수에서 첫 번째 자릿수가 1에서 9 중 어

그림 22 • 1부터 99까지의 수에서 첫 번째 자릿수의 분포

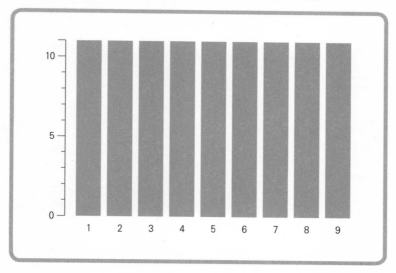

느 것인지 조사해보았습니다(그림 22).*

결과는 어느 숫자나 균등하게 나옵니다. 1부터 9까지 각각 11회
씩 나오지요. 당연한 일이겠지만, 첫 번째 자릿수의 범위에 아무런
제한이 없다면 어느 숫자나 균등하게 나오는 것을 확인할 수 있습
니다. 당연히 이 예에서는 벤포드 법칙이 성립하지 않습니다.

〈그림 22〉의 예는 1부터 99까지였는데, 범위를 바꾸어보면 어
떻게 될까요? 이번에는 1에서 365까지의 범위를 조사해봅시다.
그 결과는 〈그림 23〉과 같습니다.

....

* 0을 첫 번째 자릿수에 포함시키면 어느 수나 맨 앞자리의 수는 0이 되어버리므로 여기서
는 0을 생각하지 않습니다.

그림 23 • 1부터 365까지의 수에서 첫 번째 자릿수의 분포

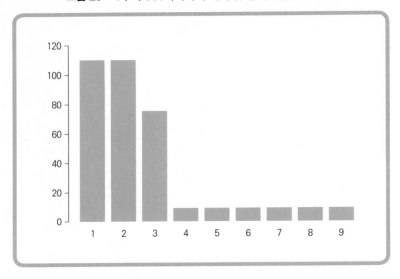

이 결과는 1부터 99까지와는 그 양상이 꽤 다르네요. 1, 2가 압도적으로 많고, 3이 그 다음으로 많습니다. 〈그림 22〉의 예와 달리 이번에는 가장 앞자리 숫자의 범위에 제한이 있기 때문인데, 이럴 때는 어떤 수(〈그림 23〉의 경우에는 4)에서 갑자기 횟수가 줄어듭니다.

그런데 이 결과도 벤포드 법칙과 다릅니다. 1에서 9에 걸쳐 완만하게 줄어들어야 하는데, 〈그림 23〉에서는 4부터 9까지 나오는 횟수가 모두 똑같기 때문입니다.

도무지 이해가 되지 않습니다. 배리안은 왜 벤포드 법칙을 제시했을까요?

주가에 나타난 법칙

쉽게 볼 수 있는 주식의 종가(終價) 자료를 예로 들어 확인해봅시다. 〈그림 24〉는 2013년 5월 24일 도쿄 증권거래소 1부와 2부에서 거래되고 있는 3,700개 종목의 종가 자료를 바탕으로 첫 번째 자릿수의 분포를 그래프로 나타낸 것입니다.

정말 놀랍습니다. 저도 지금 막 종가 자료를 그래프로 나타내본 것인데, 제 눈을 의심할 정도입니다. 곧, 주가의 첫 번째 자릿수는 균등하게 분포되어 있는 것이 아니라, 1에서 9까지 차례대로 작아지고 있습니다. 벤포드 법칙과 꽤 비슷하네요.

그러나 어느 정도 비슷한 경향이 나타났다 하더라도 반드시 이론대로 되는 건 아니라고 생각할 수 있지요. 저도 그렇게 생각합니다. 이론과 같은지 확인해보고 싶다면, 어떻게 판단하는 것이 좋을까요?

이럴 때는 이론으로 예측한 수와 실제 자료에서 나타난 수의 차이에 주목해보는 것이 좋습니다. '통계적으로 볼 때, 차이가 너무 큰지 아닌지'를 조사해보면 됩니다.

여기서 이론값(벤포드 법칙에 따라 구한 첫 번째 자릿수의 분포)과 실제 주가 자료를 비교해보았습니다(그림 25). 이론값을 구하는 방법은 뒤에 자세히 설명하겠습니다.

이것을 보면 실제 주가의 맨 앞자리 수가 이론값에 매우 가깝네요. 미미하게 다른 곳이 있는데, 이 차이가 너무 큰 것은 아닌지 확인하려면 일반적으로 통계학의 '검정'이라는 방법을 사용합니다.

그림 24 • 주가의 종가 자료에서 첫 번째 자릿수의 분포(2013년 5월 24일)

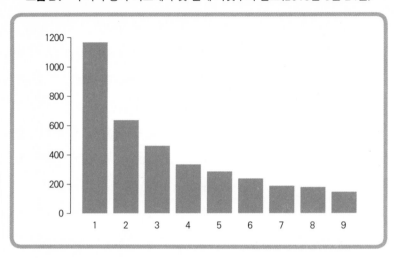

그림 25 • 주가의 첫 번째 자릿수의 분포와 벤포드 법칙의 이론값

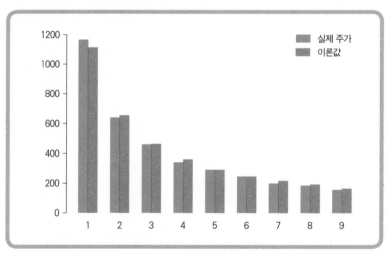

바로 검정*을 해보면 결과는 '주가의 첫 번째 자릿수의 분포가 벤포드 법칙을 따르지 않는다고 말할 수는 없다'라고 나옵니다.**

'따르고 있다'라고 말하면 좋겠는데, 표현이 복잡해짐에도 이렇게 쓰는 것은 통계학에서 정한 약속입니다. 통계학이라는 것은 부분적으로 우연히 나타난 현상을 다루고 있기 때문에 '반드시 이렇게 되고 있다'고 단언할 수 없습니다. 그렇기 때문에 이렇게 모호하게 에둘러 말하는 것이지만, 상당히 정확도가 높다는 점에는 틀림이 없습니다.

그렇더라도 놀랄 만한 관계입니다. 그 밖에 다른 예가 있는지 좀 더 알아봅시다.

소수에서 보이는 벤포드 법칙

100만 이하의 수 중에는 78,498개의 소수가 있습니다. 소수는 1보다 큰 자연수 중에서 1과 자신만을 약수로 가지는 수입니다. 이 소수들의 첫 번째 자릿수의 분포를 알아보았습니다. 결과는 〈그림 26〉과 같습니다.

〈그림 26〉을 보면 1이 많긴 하지만, 각 숫자의 빈도 차이는 벤포드 법칙에서 나타나는 것보다 적습니다. 오히려 균등한 분포에 가

---

* 카이제곱 적합도 검정이라는 방법을 사용하고 있습니다.
** 더 정확하게 말하면 '벤포드 법칙을 따른다'는 가설(귀무가설)이 기각될 수 없다는 의미입니다.

그림 26 • 100만 이하의 소수에서 첫 번째 자릿수의 분포

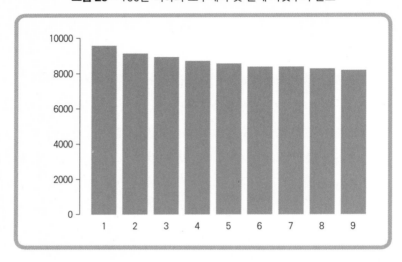

까워 보이네요.

그렇다면 벤포드 법칙은 착각이었던 것일까요?

수학자인 루케와 라카사가 2009년 논문*에서 '소수의 첫 번째 자릿수의 분포'에 대해 언급하고 있습니다. 그들의 논문에 따르면 '벤포드 법칙은 더욱 일반적으로 성립하는 법칙의 일부로 해석할 수 있고, 소수의 첫 번째 자릿수의 분포는 일반 벤포드 법칙으로 설명할 수 있다'고 합니다. 이상한 말일 수도 있지만 벤포드 법칙을 '특수 벤포드 법칙'과 '일반 벤포드 법칙'의 두 가지로 나누어 생각할 수 있다는 것입니다.

....

* B. Luque and L. Lacasa, "The first-digit frequencies of prime numbers and Riemann zeta zeros", *Proc. R. Soc.* A published online April 22, 2009.

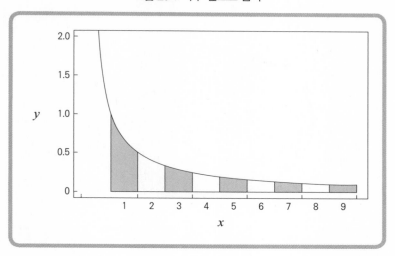

그림 27 · 특수 벤포드 법칙

그러면 '특수 벤포드 법칙'과 '일반 벤포드 법칙'을 각각 설명해
보지요. 루케와 라카사에 따르면 '특수 벤포드 법칙'은 반비례 그
래프와 관계가 있습니다(그림 27).

'첫 번째 자릿수가 1이 되는 비율은 1에서 2까지 반비례 곡선
아래의 넓이, 첫 번째 자릿수가 2가 되는 비율은 2에서 3까지의 넓
이, ……'라는 식으로 대응됩니다. 전체가 정확히 100%가 되도록
조정된 것입니다.

반면 '일반 벤포드 법칙'은 반비례 그래프($y = \dfrac{1}{x}$) 대신에

$$y = \frac{1}{x^a}$$

그림 28 · 특수 벤포드 법칙과 일반 벤포드 법칙의 관계

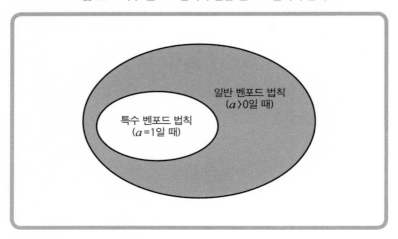

의 그래프와 동일한 것이 성립한다고 생각합니다. $a=1$일 때가 '특수 벤포드 법칙'입니다.

두 종류의 벤포드 법칙의 관계를 그림으로 나타내보면 〈그림 28〉과 같습니다.

여기서 a를 바꿔가면서 그래프를 그려봅시다(그림 29). a가 작아질수록 차츰 수평이 되어가는 것을 볼 수 있습니다.

〈그림 30〉은 $a=0.04$일 때의 벤포드 법칙입니다. 그림에서 직사각형 띠의 넓이가 첫 번째 자릿수가 나오는 비율에 대응하고 있습니다.

루케와 라카사는 더욱 많은 소수의 첫 번째 자릿수의 분포를 조사했습니다(그림 31). (a)의 파란색 막대그래프는 10^8까지의 범위에 있는 5,761,455개 소수에서 첫 번째 자릿수의 분포입니다. 옆

그림 29 • 벤포드 법칙을 일반화하기

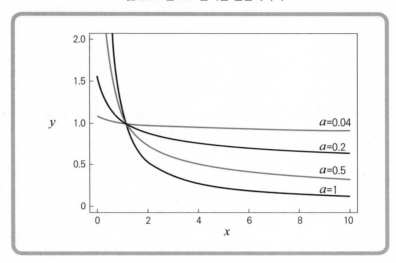

그림 30 • $a=0.04$일 때, 일반 벤포드 법칙

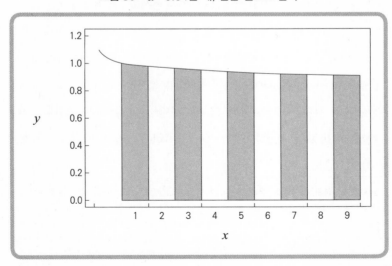

그림 31 · 소수의 첫 번째 자릿수의 분포(세로축이 0부터 시작하지 않는 것에 주의)*

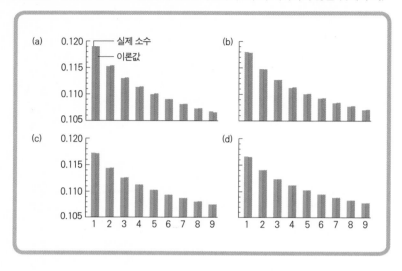

에 붙어 있는 회색 막대그래프는 일반 벤포드 법칙($a=0.0583$)으로 구한 이론값입니다. 놀랄 정도로 일치하지 않나요?

더욱이 소수의 범위를 더욱 늘린 경우에도 벤포드 법칙을 적용할 수 있습니다. (b)는 10^9까지의 범위($a=0.0513$), (c)는 10^{10}까지의 범위($a=0.0458$), (d)는 10^{11}까지의 범위($a=0.0414$)에서 나오는 소수의 첫 번째 자릿수의 분포입니다. a의 값이 미묘하게 달라지지만 이론값과 상당히 깔끔하게 일치하고 있습니다. 논문에서는

....

* 소수의 첫 번째 자릿수의 막대그래프. 각각 1부터 N까지의 소수에 대한 분포이다. 표본의 크기는 다음과 같다. (a)는 $N=10^8$일 때 5,761,455개의 소수($a=0.0583$), (b)는 $N=10^9$일 때 50,847,534개의 소수($a=0.0513$), (c)는 $N=10^{10}$일 때 455,052,511개의 소수($a=0.0458$), (d)는 $N=10^{11}$일 때 4,118,054,813개의 소수($a=0.0414$)에 대응한다. 회색 막대그래프는 괄호 안의 a에 대한 일반 벤포드 법칙의 이론값이다.

앞서 다룬 주식의 종가에 대해 사용한 것과 같은 검정도 실시했는데, 시빗거리가 없을 만큼 정확하게 일치했습니다.

배리안이 이 주장을 제기한 뒤 니그리니**라는 회계학자도 실제로 벤포드 법칙을 사용해 분식 회계를 간파할 수 있다는 것을 통계적으로 보여주었습니다.*** 배리안의 혜안은 정말 대단합니다.

** 마크 J. 니그리니(Mark J. Nigrini): 미국의 회계학자. 회계와 그 밖의 상업 관련 전문가가 쉽게 이해할 수 있는 방식으로 벤포드 법칙의 수학적 기초를 기술하여 대중화함. - 옮긴이
*** M. J. Nigrini, "I've Got Your Number", *Journal of Accountancy*, (May 1999), 79-83. 이 논문에서는 상위 두 개의 수에 대한 벤포드 법칙을 사용했습니다.

제2장

상식을 깨는
확률

일상적으로 수학을 다루는 사람조차
정확한 확률을 파악하기는 어려운 일입니다.
직감으로 '대충 이 정도'라고 어림하는 것이 아니라,
제대로 계산하는 것의 중요성을 시사하는 것은 아닐까요?

다른 사람을
나로 착각할 확률은

8월 4일

통계학은 탈세를 알아낼 때도 쓸모가 있어 보인다.

또한 통계학은 세무뿐만 아니라 다른 분야에서도 응용되는 것 같다.

이를테면 점을 볼 때는 어떨까? 서양의 점성술이나 동양의

사주역학에서는 점을 보러 온 사람의 생일을 바탕으로 사람의 운명을

추정한다. 두말할 나위 없이 생일은 기업의 회계 장부와 마찬가지로

수로 구성되어 있다. 그러므로 수를 사용해 운명을 알아낼 수 있다는

것이다.

'어떤 두 사람의 생일이 같다'고 가정해보자. 좀처럼 흔한 일이 아니니

'통계학적 또는 확률론적으로 매우 중요한 의미가 있다'는 생각이

든다.

생일의 역설

누군가와 생일이 같다는 것을 알면 친근감을 느끼는 경우도 있지요. 하지만 이것을 운명적이라고까지 말할 수 있을까요? 운치 없지만 생일이 같을 확률을 계산해보려고 합니다. 바로 문제를 풀어봅시다.

> 한 반에 23명의 학생이 있다. 이 학생들 중에서 생일이 같은 사람이 있을 확률은 몇 %인가? 단, 윤년(閏年)은 고려하지 않는다.

반 친구와 생년월일이 같다는 것은 조금 놀랄 일이지요. 1년은 365일이므로 생년월일이 같다는 것은 그저 우연이라고 치부해버리기에는 뭔가 석연치 않습니다. 느낌으로는 이 확률이 매우 낮을 것 같지 않나요?

그러나 실제로 이 확률은 50.7%나 됩니다.

사람 수를 늘려가면서 계산해보면 더욱 놀라게 됩니다. 30명일 때는 70.6%, 40명일 때는 89.1%, 50명일 때는 97%에 이릅니다. 거꾸로 사람 수를 20명으로 줄여도 41.1%, 10명일 때조차 11.7%나 됩니다. 도쿄와 같은 대도시를 걸으면 생일이 같은 '운명의 두 사람'이 주변에 흔히 있습니다.

이런 상황을 한눈에 볼 수 있도록 생일이 일치할 확률을 그래프로 나타내봅시다(그림 32).

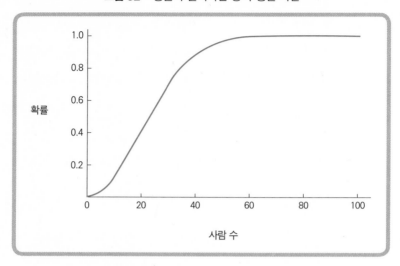

그림 32 • 생일이 일치하는 쌍이 생길 확률

확률이 매우 빠르게 높아지네요. 이러한 현상을 '생일의 역설'이라고 합니다. 직감으로는 드물 것이라고 느껴지지만, 실제로는 꽤 높은 확률로 일어납니다. 이래서 생일의 '역설'이라고 일컫는 것일까요?

그러면 생일의 역설과 같은 현상은 왜 일어날까요?

먼저 당신을 포함한 23명 중에서 '당신과 생일이 같은 사람'이 있을 확률을 계산해봅시다. 그 확률은 약 5.9%에 지나지 않습니다. 확률이 처음으로 50%를 넘을 때는 254명이 있을 때입니다. 우리의 직감과 그다지 다르지 않으니 조금도 이상하지 않네요.

실제로 우리가 맨 처음 머리에 떠올린 것은 '나와 생일이 같은 사람'이 있을 확률이지요, 그것은 매우 낮습니다.

그런데 생일의 역설에서 문제가 되는 것은 23명이 있을 때, '어느 날이어도 상관없으니, 생일이 같은 쌍이 하나 이상 있을 확률'이므로 처음부터 전제가 다릅니다. 곧, 직감으로는 문제를 정확히 파악하지 못했고, 이상하다고 생각했던 것은 일종의 착각이었던 것입니다.

▌생일이 똑같을 확률

생일의 역설은 뜻밖에도 간단히 계산할 수 있습니다. 먼저 가장 간단한 경우를 생각해봅시다. 두 사람인 경우입니다. 두 사람의 생일이 같다면, 이는 365일 가운데 어느 하루이므로 확률은

$$\frac{1}{365}$$

이 됩니다. 당연하지요.

그럼 구성원이 3명이면 어떨까요? 이때에는 먼저 세 사람의 생일이 모두 다른 경우의 수를 계산하고, 이것을 전체 경우의 수에서 빼면 됩니다.

세 사람의 생일이 모두 다를 경우의 수는

$$365 \times 364 \times 363 = 48,228,180$$

가지가 있습니다. 세 사람의 생일이 될 수 있는 경우의 수는

$$365 \times 365 \times 365 = 365^3 = 48,627,125$$

가지입니다. 그러므로 세 사람의 생일 중에서 적어도 두 사람의 생일이 일치할 경우의 수는

$$365^3 - 365 \times 364 \times 363 = 398,945$$

가지가 됩니다. 이 수를 모든 경우의 수

$$365^3 = 48,627,125$$

로 나누면 세 사람 중에서 적어도 두 사람의 생일이 일치할 확률을 계산할 수 있습니다. 정답은

$$\frac{398,945}{48,627,125} = 0.0082\cdots\cdots$$

즉, 0.82% 정도가 됩니다.

이런 식으로 계산해가면 구성원이 4명, 5명, ……일 경우의 확률을 계산할 수 있습니다. 계산을 해보면 사람 수가 적을 때는 확률도 낮지만, 사람 수가 늘어남에 따라 확률이 빠르게 높아진다는 것을 알 수 있습니다.

생일의 경우는 365가지의 패턴이 있습니다. 여기서 일반적으로 n 가지가 있을 경우에 50%가 되는 것은 대략

$$1.18\sqrt{n}$$

명의 사람이 모였을 때입니다.

여기에서 $\sqrt{n}$이 쓰이고 있다는 것이 중요합니다. 제곱근이 되는 이유는 각주*에 적어놓았는데, 핵심은 'n이 커지면 $\sqrt{n}$은 n보다 훨씬 작아진다'는 것입니다. 이를테면 n이 100이라면 $\sqrt{n}$은 10이 되고, n이 10,000이라면 $\sqrt{n}$은 100이 되지요. 위 공식에 $n=365$를 대입해보면

$$1.18\sqrt{365}=22.5\cdots\cdots$$

가 됩니다. 이 인원수를 넘으면 50%를 넘게 되는데, 물론 사람 수가 22.5명일 경우는 없기 때문에 23명이 모이면 확률이 50%가 넘

....

* 생일이 일치하는 확률을 계산하는 자세한 설명은 아래와 같습니다. 먼저 k명 전체의 생일이 다른(일치하지 않는) 확률을 계산합니다. 이는 본문에 나와 있는 계산을 k명까지 연결하면 되므로

$$\frac{364}{365}\cdot\frac{363}{365}\cdot\frac{362}{365}\cdot\;\cdots\cdots\;\cdot\frac{365-k+1}{365}$$

$$=\left(1-\frac{1}{365}\right)\left(1-\frac{2}{365}\right)\left(1-\frac{3}{365}\right)\cdots\cdots\left(1-\frac{k-1}{365}\right)$$

$$=e^{-\frac{1}{365}}\cdot e^{-\frac{2}{365}}\cdot e^{-\frac{3}{365}}\cdot\;\cdots\cdots\;\cdot e^{-\frac{k-1}{365}}=e^{-\frac{1}{365}(1+2+3+\cdots(k-1))}$$

$$=e^{-\frac{1}{365\cdot2}k(k-1)}\approx e^{-\frac{1}{365\cdot2}k^2}$$

가 됩니다. (여기서 x가 작아졌을 때 성립하는 근사식 $1-x\approx e^{-x}$ 을 사용했습니다).
이 확률을 1에서 빼면, 생일이 같은 짝이 1쌍 이상 있게 될 확률이 됩니다. 즉,

$$1-e^{-\frac{1}{365\cdot2}k^2}$$

$$1-e^{-\frac{1}{365\cdot2}k^2}\geq1/2$$

$$k\geq\sqrt{2\log2}\,\sqrt{365}\approx1.18\sqrt{365}\approx22.5$$

는다는 것을 알 수 있습니다.*

이 공식은 응용 범위가 넓으므로 매우 편리합니다. 이를테면 생일이 아닌 '태어난 달이 같을 확률'도 계산할 수 있습니다. $n=12$(달의 수)이므로

$$1.18\sqrt{12}=4.1\cdots\cdots$$

이 됩니다. 5명이 있다면 태어난 달이 같은 사람이 둘 이상일 확률은 50%를 넘는다는 것을 알 수 있습니다(5명으로 계산해보면 실제로 확률은 60%를 넘습니다). 직감으로도 '그럴 수 있겠다' 싶은 생각이 드는 수인가요?

이 밖에 '태어난 날만 같을 확률'도 계산할 수 있습니다. 날짜 수는 달에 따라 다르지만 대략 30일 정도라고 생각한다면

$$1.18\sqrt{30}=6.5\cdots\cdots$$

이므로 7명이 모이면 50%가 넘게 됨을 알 수 있습니다.

그리고 조금 변형한 형태도 만들 수 있습니다. 생일이 같지 않으면서 날짜가 가까운, 이를테면 '하루 차이가 나는 사람이 둘 이상 있을 확률'은 어느 정도일까요? 23명이 있을 때에는 확률이 88.8%입니다. 날짜가 완전히 일치할 확률보다 훨씬 높아지네요. 실제로 생일이 가까이 붙어 있는 경우는 결코 드물지 않습니다.

....

* $1\times\sqrt{n}$, 곧 $\sqrt{n}$개(명)일 때는 약 40%입니다. 이것도 기억해두면 편리합니다.

다른 사람을 같은 사람으로 여길 확률

생일의 역설은 일단 구조를 알게 되면 별거 아니라고 생각할지도 모르겠습니다.

그러나 생일의 역설은 때에 따라서 심각한 문제로 전개됩니다.

노트북 컴퓨터나 은행의 현금자동인출기(ATM)에 지문이나 손바닥의 정맥 패턴을 이용한 생체 인식 기술이 도입되는 것을 봅니다.

모두 보안 수준을 높이는 방법으로 채용되는 기술입니다. 말하자면 자기 자신을 열쇠로 사용하는 것이기 때문에 어딘가에 두고 오거나 잃어버릴까 봐 걱정하지 않아도 됩니다. 또한 다른 사람에게 건네주는 것도 보통은 가능하지 않습니다.**

인식하는 정밀도도 상당한 수준입니다. 다른 사람을 본인이라고 간주해버리는 타인 수용률이 10만 분의 1에서 100만 분의 1정도인 제품도 나온다고 합니다.*** 정밀도를 더 높일 수도 있지만, 정밀도를 너무 높이면 오류를 일으켜 본인을 다른 사람이라고 간주하는 '본인 거부'의 비율이 올라가버리는 문제가 있습니다. 실용성을

....

** 실은 다른 사람에게 건네주지 못하는 게 또 다른 큰 문제를 일으키기도 합니다. 즉, 본인이 위험에 처하게 되는 것입니다. 실제로 말레이시아 쿠알라룸푸르에서 지문 인식이 열쇠로 쓰이는 자동차(메르세데스 벤츠)를 훔치고 자동차 주인의 손가락을 잘라 달아난 사건이 일어났습니다. 정보 보안과 관련된 강의에서는 정보를 보호할 때 가장 약한 연결 고리(the weakest link)에 주의하라고 가르칩니다. 생체 인식은 인식되는 사람 자신이 가장 약한 연결 고리가 되므로 이와 같은 사건이 일어나는 것은 필연이라고 말할 수 있습니다. 출처: Jonathan Kent, "Malaysia car thieved steal finger." *BBC News, Kuala Lumpur*, March 31, 2005, http://news.bbc.co.uk/2/hi/asia-pacific/4396831.stm.
*** 본인을 다른 사람으로 오인하게 되는 본인 거부율은 약 100분의 1 정도가 일반적입니다.

생각한다면 다른 사람을 수용하는 비율은 매우 낮은(=높은 정밀도) 것이 좋을 것입니다.

그런데 이와 같은 생체 인식 기술에서 데이터베이스가 충실하게 쌓여감에 따라 또 다른 성가신 문제가 생겨납니다.

이런 일이 일어나는 원인을 바로 생일의 역설로 설명할 수 있습니다. 생일의 역설이 지닌 본질을 생각하기 위해 조금 다른 관점에서 봅시다.

23명의 학생 중에서 한 쌍을 만드는 경우, 먼저 누군가 1명을 결정하고 남아 있는 학생들 중에서 한 사람과 쌍을 만든다고 생각합니다. 이것의 가짓수를 따질 때, 쌍의 순서는 바뀌어도 됩니다. 그러므로 이럴 경우를 고려해 23×22명을 2로 나누면 됩니다. 계산해 보면 253가지입니다. 이처럼 가짓수가 많다면, 설령 나 자신과 생일이 같은 사람이 있을 확률은 낮더라도, 23명 중에서 '누군가가 다른 사람과 생일이 같아질 확률'은 꽤 높아집니다. 이것이 생일이 같은 사람이 있을 확률이 높아지는 것의 본질입니다.

그러면 이번에는 10,000명의 생체 인식 자료가 등록된 데이터베이스가 있다고 합시다. 이 데이터베이스에 등록된 사람들로 짝을 지을 수 있는 경우의 총수는 거의 5000만(=10,000×9,999/2)가지나 됩니다. 5000만 쌍이 있을 때, 잘못하여 같은 사람이라고 판정해버리는 경우가 있을 수 있을까요?

정답은 '거의 확실하게 있다'입니다. 확률을 계산하면 다른 두 사람을 같다고 인식할 위험률이 불과 100만분의 1밖에 되지 않는

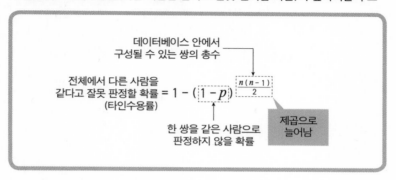

그림 33 · 타인수용률(다른 사람을 같다고 잘못 인식할 확률)이 높아지는 구조

다 하더라도, 전체에서 다른 사람을 같은 사람이라고 판정할 확률이 50%를 넘게 되는 것은 1,180명이 데이터베이스에 저장되는 때부터입니다.*

〈그림 33〉을 통해 그 수학적 구조를 이해할 수 있을까요?

여기서 한 쌍을 같은 사람으로 판정할 확률을 p라고 해봅시다. 예에서는 100만분의 1입니다. 그러면 한 쌍을 같은 사람으로 판정하지 않을 확률은 $1-p=0.999999$가 될 것입니다. 이 확률은 거의 1이라 말해도 좋을 정도로, 1보다는 아주 조금밖에 낮지 않습니다.

데이터베이스 안에서 생길 수 있는 쌍의 수는, 데이터 수를 n이라 하면 $\dfrac{n(n-1)}{2}$ 이 됩니다. 거의 n제곱의 2분의 1로 늘어나는 것입니다. 그러면 데이터베이스 전체에서 다른 사람을 같다고 판정

----

* p를 100만 분의 1로 하고 $1-(1-p)^{\frac{n(n-1)}{2}} \approx 1-e^{-pn^2/2}$를 사용해 이 확률이 0.5를 넘는 n의 값을 계산해보면 $n \approx \sqrt{2\log 2/p} \approx 1000\sqrt{2\log 2} \approx 1177.41$이 되어 약 1,180명이라는 결과를 얻을 수 있습니다. 원래 생일의 역설에서도 같은 근사식이 사용됩니다.

그림 34 · 다른 사람을 같다고 잘못 판정할 확률이 100만 분의 1인 경우에,
전체에서 같다고 판정되는 쌍이 생길 확률

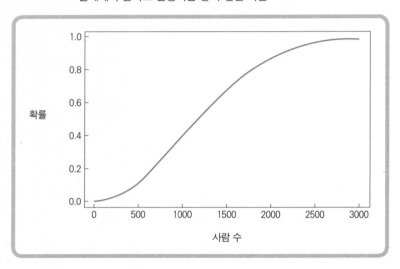

하지 않을 확률은 1보다 작은 수 $1-p$를 $\dfrac{n(n-1)}{2}$ 제곱 하는 것으로 구할 수 있습니다. $n = 10,000$일 때, $1-p = 0.999999$를 거의 5000만 번 곱해야 합니다.*

원래는 1에 아무리 가까운 수라 하더라도 이 정도 횟수로 거듭해서 곱하면, 결국은 거의 0이 되어버립니다. 그 결과 전체에서 다

....

* 일반적으로 p가 작을 때,

$(1-p)$를 $\dfrac{1}{p}$ 제곱하면 거의 $\dfrac{1}{e}$ = 0.36 ······이 된다고 알려져 있습니다.

p가 10000분의 1일 때, $1-p = 1 - \dfrac{1}{10000}$ 을 10000 제곱하면 거의 $\dfrac{1}{e}$ 이 됩니다. 그러므로

$1 - \left\{ \left(1 - \dfrac{1}{10000} \right)^{10000} \right\}^{\frac{1}{10000} \times \frac{1}{2} \times 10000 \times (10000-1)} \approx 1 - e^{-\frac{9999}{2}} \approx 1$

른 사람을 같다고 잘못 판정할 확률이 '거의 1'이 되는 것입니다.

이는 쌍이 하나 나타나는 경우를 말하는 것이 아닙니다. 10,000명의 데이터베이스에서 생길 수 있는 쌍의 기댓값은 거의 50입니다. 즉, 데이터베이스에서 같은 사람이라고 잘못 판정되는 쌍이 50쌍 정도라고 할 수 있습니다.

생체 인식 장치의 정밀도가 더 높아져 다른 사람과 나를 같다고 판정할 확률이 1억 분의 1이 되었다고 해봅시다. 그렇다 하더라도 데이터가 11,800명쯤에 이르면 다른 사람을 같다고 판정한 쌍이 나타날 확률이 50%를 넘어버립니다.

이 사례에서, 생체 인식에 의한 개인 인증은 그 정밀도가 꽤 높다 하더라도 아주 많은 사람을 인식하는 데에는 그다지 적합하지 않다는 것을 알 수 있습니다.

DNA 감정의 함정

더 심각한 문제도 있습니다.

FBI 같은 곳에는 범죄자와 관련된 거대한 데이터베이스가 있습니다. 범행 현장에 남겨진 지문, 혈액, 때로는 방범 카메라에 남겨진 사진 등이 기록되어 있습니다. DNA 정보도 있는데, 이들 정보는 디지털 형태로 보존되어 있습니다. 데이터를 비교해 확인하는 것은 간단할뿐더러 정밀도가 높습니다.

그러나 이와 같은 데이터베이스가 발달하면 문제가 생길 수 있다고 경고하는 사람이 있습니다. 법의학 DNA 감정 기술을 발명한 제프리스* 박사가 그중 한 사람입니다. 물론 생일의 역설에 유념해야 하지요.

알려진 대로 DNA는 사람의 유전정보가 염기 형식으로 나열된 것으로, 이중나선 형태로 연결되어 있습니다. DNA에는 모든 유전정보가 들어 있으므로 일란성 쌍둥이를 제외하고 완전히 일치하는 경우는 없습니다. 이 DNA는 세포 안에 있으므로 세포를 포함하고 있는 것으로부터 채취할 수 있습니다. 피, 뼈나 이, 모근이 남아 있는 털, 손톱 조각, 지문, 담배꽁초나 씹고 난 껌과 같은 온갖 재료로부터 얻을 수 있습니다.

여기까지 들으면, DNA를 감정한 결과로 (일란성 쌍둥이를 제외하고) 특정한 한 사람을 지목할 수 있는 것처럼 생각됩니다. '범행 현장에 남아 있는 머리카락의 DNA가 일치하거든. 네가 범인이야!'라는 말을 들으면 빠져나가기 어려운 것처럼 느껴집니다.

물론 현장에 남아 있는 머리카락 등이 반드시 범인의 것이라고는 할 수 없으므로 틀릴 가능성이 있지요. 그러나 만일 그와 같은 오류가 없다고 해도, 이를테면 살인 사건이 일어난 현장에는 범인과 피해자의 DNA밖에 남겨져 있지 않다고 하더라도, 여전히 틀릴 가능성이 남아 있습니다.

왜냐하면 DNA 감정에서 DNA에 포함된 모든 염기 서열을 조사

---

* 알렉 제프리스(Alec Jeffreys, 1950-): 영국의 유전학자. 법의학에서 쓰는 DNA 프로파일링 기법을 개발함. – 옮긴이

하는 것은 아니기 때문입니다. 모든 염기 서열을 조사할 수 없는 까닭은 현시점에서는 엄청난 비용(시간, 돈)이 들기 때문입니다.

2010년에 발간된 일본 경찰백서에 따르면, 현재 경찰로 이송되는 15좌위**의 STR(short term repeat)형 검사법을 적용했을 때 동일한 DNA형이 출현하는 빈도가 4.7조 분의 1이 됩니다. 그러나 와다 토시노리***가 쓴「유전정보·DNA 감정과 형사법」(게이오법학 제18호(2011))이라는 논문에서는, '이 확률을 바탕으로 하면 지구 전체 또는 일본 전체에서 같은 쌍이 존재하지 않을 확률은 아주 작아 거의 0으로 여길 수 있다'고 지적하고 있습니다. 즉, 이 DNA 검사법으로는 같은 사람이라고 판정되는 쌍이 거의 확실하게 존재하는 것입니다.

여기서 실제로 '같은 사람이라고 판정되는 쌍이 생길 확률이 50%를 넘게 되는 사람의 수'를 계산해보았습니다. 결과는 약 256만 명. 거의 오사카 시의 인구와 비슷합니다.

일본에서는 2004년부터 DNA를 데이터베이스로 구축하기 시작했는데, 2013년 1월 기준으로 겨우 34만 건을 넘긴 정도입니다. 이 정도라면 그다지 큰 문제는 아니라는 생각이 드는군요.

그런데 이보다 작은 데이터베이스에서도 '우연의 일치'가 일어날 수 있습니다.

미국 메릴랜드 주에서는 2007년 1월 기준으로 DNA 데이터베

** 좌위: 염색체상 유전자가 위치하는 자리. - 옮긴이
*** 와다 토시노리(和田俊憲, 1975-): 형법을 전문으로 하는 일본의 법학자. - 옮긴이

이스에 약 3만 명의 자료가 보관되어 있었습니다. 약 3만 명이라는 숫자는 같은 사람이라고 판정되는 쌍이 나타날 확률이 50%를 넘는 이론값(약 256만 명)보다 자릿수가 두 자리나 작은 수입니다. 그런데도 '실제로' DNA가 일치하는 쌍이 있었던 것입니다.[*]

앞서 언급한 일본 경찰백서에 소개된 4.7조 분의 1이라는 확률은 어디까지나 이론적인 것입니다. 그러니 실제 확률은 더 높을지도 모릅니다.

정보 보안과 관련된 교과서에는 생일의 역설이 반드시 실려 있습니다. 거기에는 두 가지 의미가 있지요. 하나는 당연한 것이지만 정보 보안에 종사하는 사람이라면 반드시 이해하고 있어야만 하는 사실이라는 것. 그리고 또 하나는 일상적으로 수학을 다루는 사람조차 정확한 확률을 파악하기는 어려운 일이라는 것입니다. 직감으로 '대충 이 정도'라고 어림하는 것이 아니라, 제대로 계산하는 것의 중요성을 시사하는 것은 아닐까요?

* Jason Felch, "FBI resists scrutiny of 'matches', DNA: GENES AS EVIDENCE", *Los Angeles Times*, 8. July 20, 2008.

평균이 존재하지 않는 세계

8월 27일

출장 때문에 비행기를 탔다. 정원이 500명인 점보제트기가 꽉 찼다. 너무 무거워서 비행기가 떨어지는 건 아닐까.

조사를 조금 해보았다.

웹페이지에 따르면 이렇다.** '일본 사람의 평균 몸무게는 58kg정도이므로 500명이면 29,000kg(29t)이 된다. 무거운 사람이 타면 총 무게가 늘어나겠지만, 반대로 가벼운 사람도 있다. 합계를 구하면 어떻게 될 것인가라고 한다면 이것은 확률 문제가 된다. 얼추 계산하면 탑승객의 총무게는, 95%의 확률로 29t±270kg의 범위에 들어간다.'

역시, 오차는 평균의 1%도 되지 않는군. '무작위로 뽑은 수의 합계는 (진짜 평균) × (수의 개수)와 거의 비슷하게 된다'는 성질은 매우 중요하다. 수학에서도 '평균'이라는 개념은 어떤 경우에나 적용된다. 만능 무기라고 말해도 지나치지 않을 것이다.

** 『통계학입문(기초통계학)』(도쿄 대학 출판회).

큰수의 법칙

'모든 승객의 몸무게를 합한 것의 오차가 전체의 1%도 되지 않는 다'니 매우 정밀하네요. 좀 믿기 어려울 정도이지만, 사실이라고 합니다. 몸무게는 사람마다 제각각이어서 무거운 사람이 있는가 하면 가벼운 사람도 있습니다. 평균이란 '무게중심'과 같은 것입니다. 많은 사람이 있으면 무거운 사람들의 몸무게가 평균으로부터 양의 방향으로 떨어진 차이와 가벼운 사람들의 몸무게가 평균으로부터 음의 방향으로 떨어진 차이는 거의 비슷한 정도로 나타나게 됩니다.

이것은 확률론과 통계학에서 잘 알려져 있는 정규분포를 이용해 계산할 수 있습니다. 몸무게뿐만 아니라 키, 온갖 종류의 시험 점수 등에서 평균은 '전체를 대표하는 수'라고 말할 수 있습니다. 학교에서 평균에 관해 되풀이하여 가르치는 것은 이러한 까닭이지요.

그러나 평균을 '만능 무기'라고 쉽게 말할 수는 없습니다. 왜냐하면 평균이 언제나 '존재한다'고는 할 수 없기 때문입니다.

몸무게 이야기는 조금 복잡하므로, 먼저 주변에서 흔히 보는 주사위 이야기부터 시작해봅시다.

주사위를 여러 번 던져서 나온 눈의 수를 기록해갑니다. 눈의 수가 언제나 같은 숫자가 된다든지 1, 2, 1, 2, 1, 2, 1, 2와 같이 특정한 수가 규칙적으로 계속 나오는 경우는 없습니다. 숫자가 아무렇게나 나오게 되지요.

이를테면 주사위를 100번 던져 나온 눈의 수를 적어보면 다음처럼 되겠지요.

5 4 1 2 3 3 5 6 6 4 4 1 2 1 2 1 2 6 4 5 1 6 6 5 4 4 5
1 3 5 3 6 6 6 2 1 4 5 4 1 3 6 5 5 4 5 4 2 3 1 2 1 3 2
2 5 3 5 6 5 4 5 6 4 5 1 3 1 2 2 6 6 5 3 2 5 5 4 1 3 3
3 4 5 3 1 4 1 1 6 4 5 2 3 1 4 6 5 5 3

이렇게 불규칙적으로 숫자가 나오더라도 많은 횟수를 시행해 나온 값의 평균을 구해보면, 차츰 진짜 평균*에 가까워집니다. 이것을 '큰수의 법칙'**이라고 합니다. 확률론의 기본 정리라고 해도 좋을 만큼 중요한 사실입니다. 또한 여기에서 말하는 평균은 정확하게는 '표본 평균'입니다. 나온 눈의 수를 늘어놓은 것이 '표본'이고, 그 표본의 평균을 구한 것이기 때문입니다. 이 표본 평균은 표본마다 다릅니다.

위의 예에서 나온 값들의 평균을 계산해보면 3.59가 됩니다. 진짜 평균은 $\dfrac{1+2+3+4+5+6}{6}$ = 3.5이니까, 진짜 평균에 가까운 값이네요.

이제 주사위를 다시 던져, 다음과 같은 눈의 수가 나왔다고 해봅시다.

....

* 진짜 평균은 통계적 확률이 아닌 수학적 확률을 적용하여 구한 평균을 말함. – 옮긴이
** 수학적으로 간단히 표현하면 어떤 독립시행에서 사건 A가 일어날 확률이 p일 때, n번의 시행에서 A가 일어난 횟수를 k라고 하면 상대도수 $\dfrac{k}{n}$ 는 n이 한없이 커질수록 p에 가까워진다는 법칙임. – 옮긴이

2 2 1 5 2 6 3 3 6 4 4 2 1 1 3 3 1 5 4 6 6 3 ……

앞서와 같이 한 번에 평균을 구하지 않고, 왼쪽부터 순서대로

$$2, \frac{2+2}{2}, \frac{2+2+1}{2}, \frac{2+2+1+5}{2}, \frac{2+2+1+5+2}{2}, \cdots\cdots$$

와 같이 평균을 구해가면 어떻게 될까요? 이것을 컴퓨터로 시뮬레이션해 보고, 1,000번 되풀이한 상황을 그래프로 그려보면 〈그림 35〉와 같습니다.

맨 처음에는 3.5에 가깝지 않네요. 그러나 주사위를 던지는 횟수가 늘어날수록 차차 3.5에 가까워집니다. 3.5에 가까워지는 것이

그림 35 · 큰수의 법칙을 그림으로 보기

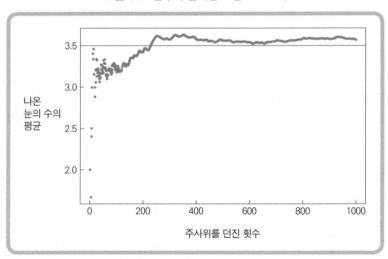

매우 천천히 진행되기는 하지만, 횟수가 늘어날수록 표본 평균은 3.5에 가까워집니다. 앞서 기술한 '큰수의 법칙'을 교과서적으로 써보면 '표본 평균은, 표본의 크기가 커지면 커질수록 진짜 평균에 가까워진다'라고 표현할 수 있습니다.

이것을 수학의 정리라고 말하더라도 그다지 놀라지는 않을 것입니다. 이것은 확률론을 모르는 사람이라도 어렴풋이 느낄 수 있는 현상이기 때문입니다. 하지만 이렇게 당연한 것을 증명하다니 수학자라는 사람들은 한가한 사람들이로군, 이런 생각이 들지 않나요?

그런데 큰수의 법칙이든 다른 무엇이든 수학의 정리에는 반드시 '전제'가 있습니다. 전제 없이 결론만 뚝 떨어지는 일은 없습니다.

곧, 큰수의 법칙에도 전제가 있습니다. 그 전제는 '진짜 평균이 존재한다'는 것입니다. 진짜 평균이 존재하다니, 당연한 것 아냐? 이렇게 말하고 싶겠지만, 수학의 세계에서는 꼭 그렇지만은 않습니다.

왜냐하면 수학적으로는 '진짜 평균이 존재하지 않는 경우가 있기' 때문입니다.

평균이 존재하지 않는 경우

다트로 실험해보면 이를 실감할 수 있습니다. 다트는 지름이 30cm부터 40cm인 과녁(다트 판)을 향하여, 멀리 떨어진 곳에서 화살(다트)을 던져서 얻은 점수로 겨루는 게임입니다.

자 그럼, 중심을 겨누고 다트를 던져 판에 꽂힌 곳을 기록해보면 어떻게 될까요? 잘하는 사람이라면 처음부터 한가운데를 맞힐 수도 있겠지만, 대개는 중심에서 벗어나는 경우가 많을 것입니다. 그렇다면 결과는 대략 〈그림 38〉과 같을 것입니다.

〈그림 38〉에서는 다트 판에 맞지 않은 것은 제외했습니다. 자세히 살펴보면 다트 판의 테두리에 꽂힌 것도 있지만, 이것은 문제의 본질이 아니므로 모두 다트 판에 맞은 것으로 하겠습니다.

다음 '다트가 꽂힌 점이 중심에서 어느 방향으로 벗어났는지'를 보겠습니다.*

그림 36 · 다트 판

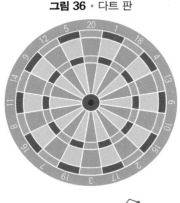

그림 37 · 다트

그림 38 · 다트가 꽂힌 지점의 기록

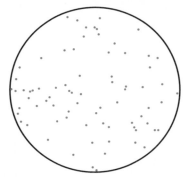

* 정확히 한가운데에 맞았다면 어떻게 될까 하고 의문을 가질지도 모르겠습니다. 만약 정말로 한가운데에 꽂혔다고 한다면 각도를 측정할 수 없게 되나, 엄밀히 한가운데라는 것은 거의 없다고 생각됩니다.

그림 39 • 다트가 꽂힌 점이 중심에서 벗어난 방향을 기록한다

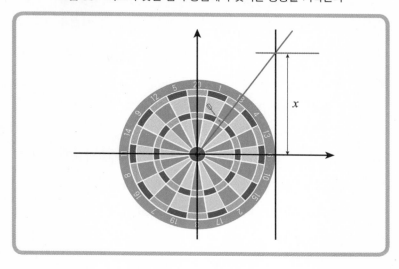

그림 40 • 100회의 다트 실험에서 나타난 x의 분포(시뮬레이션)

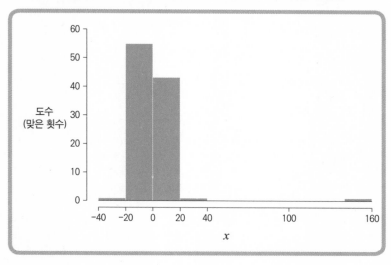

〈그림 39〉와 같이 다트 판의 중심과 다트가 꽂힌 점을 지나는 선을 긋고, 그림처럼 다트 판의 테두리에 접하면서 가로축과 수직인 선과 만나는 점에서 가로축까지의 거리(높이)를 x라고 하고, 이 값들을 기록해 나갑니다.

이때 x의 값은 마이너스 무한대부터 플러스 무한대까지의 값을 가진다는 것이 요점입니다.

다트를 많이 던졌을 때, x는 어떠한 분포를 이룰까요? 100회의 시뮬레이션 결과를 히스토그램*으로 나타내보았습니다(그림 40). 이 경우에 만들어지는 히스토그램은 가로축에 x의 범위를 20을 단위로 구간으로 나누어 표시하고, 세로축에 각각의 구간에 들어간 횟수를 나타낸 것입니다.

x가 0에 가까운 것이 많아 보이는데, 이것은 우연이 아닙니다. 실제 분포는 이론적으로 알고 있는 대로 〈그림 41〉과 같습니다.

그래프는 좌우대칭이고 0의 가까이에 산 모양이 만들어져 있습니다. 이 분포는 발견자의 이름을 따서 '코시** 분포'라고 합니다.

〈그림 41〉을 보면 정규분포와 똑같습니다. 그렇다면 평균을 0이

....

* 히스토그램이라는 것은 세로축을 도수, 가로축을 계급으로 하는 막대그래프의 일종입니다. 계급이라는 것은 값의 범위를 구분한 것으로, 이를테면 하루에 수신되는 전자우편의 수를 5통씩 구분하여 계급으로 하면 0~4통, 5~9통, 10~14통과 같이 구분할 수 있습니다. 각각의 계급에 들어가는 날의 수가 얼마나 있었는지를 막대그래프로 나타내면 히스토그램이 됩니다.

** 오귀스탱 루이 코시(Augustin-Louis Cauchy, 1789-1857): 프랑스의 수학자. 변수를 사용하여 함수를 정의함. 극한의 개념에 의한 함수의 연속성을 바탕으로 해석학의 기초를 확립함. – 옮긴이

그림 41 · 코시 분포의 한 예

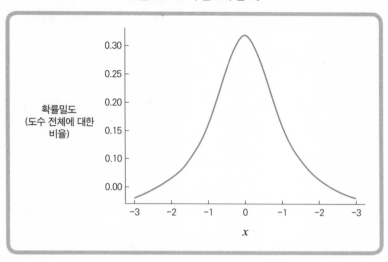

라고 해도 될까요? 그래도 될 것 같다는 생각이 드네요. 십여 년 전에 계산기 과학을 전공한 친구에게 이 얘기를 했는데, 그 친구도 "이 경우에는 평균을 0이라고 해야 하지 않을까?"라고 말했습니다.

그러나 이 경우에 '평균은 존재하지 않습니다.'

확률론에 따르면 '유한한 평균이 존재하기만 한다면, 큰수의 법칙이 성립한다'***는 것이 알려져 있습니다. 곧, '큰수의 법칙이 성립하지 않는다면 평균은 존재하지 않는다'는 말이 됩니다. 그렇다 해도

....

*** 체비셰프(Chebyshev)의 부등식을 사용한 증명이 널리 알려져 있으나, 그 경우 분산의 존재를 가정할 필요가 있습니다. 그러나 큰수의 법칙은 분산이 존재하지 않더라도 특성함수(characteristic function: 푸리에 변환(Fourier transform))와 테일러 급수(Taylor series)를 이용해 증명할 수 있습니다. 필요한 조건은 유한인 평균값이 존재해야 하는 것뿐입니다.

그림 42 · 다트에서 x의 평균의 움직임

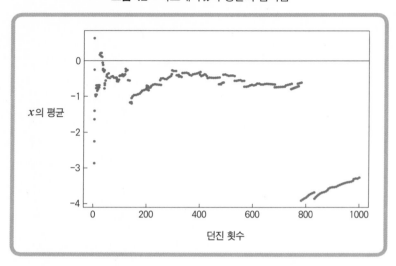

큰수의 법칙이 성립하지 않는 예를 바로 떠올리기는 어렵네요.

여기서 다트 실험을 더 진행해 표본 평균이 어떻게 되는지 살펴봅시다. 계속해서 다트를 던지고 x를 기록하면서 차례로 표본 평균을 구해나갑니다. 표본 평균을 기록하면 〈그림 42〉와 같이 됩니다.

가로축이 던진 횟수이고 세로축이 표본 평균입니다. 0에 가까워지는 듯한 움직임도 보이지만, 때때로 표본 평균이 매우 낮아져서 0에서 상당히 멀어진 경우도 있네요. 그 까닭은 x를 일직선으로 나열해보면 잘 알 수 있습니다(그림 43).

x의 값이 대개 0에 가까이 몰려 있으나, 음의 방향으로도 아주 큰 값이 있습니다. 표본 평균을 크게 바꿀 정도로 극단적으로 벗어

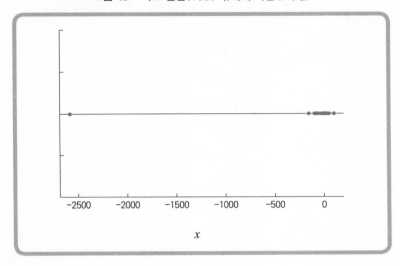

그림 43 · 다트 실험(1000회)에서 나온 x의 값

난 값입니다. 이 값이 표본 평균을 많이 끌어내립니다. 이처럼 0에서 멀리 떨어진 값은 주사위의 눈의 수에서는 없습니다. 최솟값이 1, 최댓값이 6으로 정해져 있기 때문입니다.

극단적으로 0에서 벗어난 값이 나오는 것이 '그렇게 드물지 않다'고 말하는 것이 코시 분포의 특징입니다. 곧, 다트 실험에서 x의 분포는 큰수의 법칙을 만족시키지 않습니다. 때때로 나타나는 극단적인 값이 표본 평균을 크게 바꾸어버립니다. '표본 평균은 표본의 크기가 커지면 진짜 평균에 가까워진다'는 것이 큰수의 법칙이지만, 진짜 의미는 이와 같습니다.

만능으로 보이는 '평균'도 존재하지 않으면 사용할 수 없습니다. 수학자가 왜 존재에 매달리는지, 그 이유 하나가 여기에 있습니다.

계산대가 하나 늘면
기다리는 시간은 얼마나 줄까

9월 7일

거울을 보니 머리가 너무 자랐다. 바로 이발소에 갔다.
'한 사람에 10분 걸립니다'라고 말하는 곳인데, 이미 먼저 온 손님 열
사람이 기다리고 있었다. 기다리는 걸 못 참는 나는 집으로 돌아왔다.
하지만 어떻게든 머리를 자르고 싶다. 완전 예약제로 운영하는
미용실이라면 괜찮을지도 모른다. 전화해보니 "지금은 예약한 손님이
있는데요."라고 했다.

아까 갔던 이발소라면 10분×10명이니, 기다리는
시간이 1시간 40분이다. 그보다는 1시간 기다리는
게 낫겠지, 그래서 미용실에 예약을 했다.
이럴 땐 수학을 잘하면 도움이 된다.

순식간에 줄이 사라지는 불가사의

이발사가 1명이라면 분명히 그렇습니다. 그러나 머리를 손질하는 데 1명에 10분이 걸리는 이발소는 이발사가 2명 이상인 경우가 많으니까, 그렇다면 결론이 바뀔지도 모르겠는데….

이런 종류의 문제를 다루는 것이 '대기행렬 이론'이라 일컬어지는 응용수학의 한 분야입니다.

대기행렬 이론이 가장 기본적으로 응용되는 곳이 평균 대기 시간을 구할 때입니다. 자세한 설명은 다음에 하기로 하고, 먼저 '평균 대기 시간의 공식'을 소개하겠습니다. 무척 간단한 공식입니다.

공식으로 사용되는 것은 '가동률'뿐입니다. 가동률은 슈퍼마켓의 계산대를 예로 들면, '계산대를 담당하는 사람이 일정한 시간에 처리할 수 있는 계산 처리의 횟수와, 그 일정한 시간에 계산대 앞에서 기다리는 손님 수의 비'입니다. 줄에 서 있는 사람 수도 중요하지만, 일을 처리하는 사람의 처리 횟수도 중요합니다.

한 예로, 계산대 담당자가 10분 동안 최대 10회를 계산 처리할 수 있고, 10분 동안 계산대에 8명의 손님이 줄을 선다고 해봅시다. 이 경우에 가동률은

$$가동률 = \frac{8}{10} = 0.8$$

이 됩니다.

말하자면 가동률은 '계산대 담당자가 얼마만큼 바쁜가'를 나타

냅니다. 가동률이 1이라면 담당자는 무척 바쁘고 한계에 다다른 상태로, 기다리는 줄이 조금도 줄어들지 않습니다. 더욱이 가동률이 1보다 크면, 계산대에서 처리하는 능력의 한계를 넘어 손님이 언제나 계산대 앞에서 기다리는 상태가 됩니다. 손님이 뒤로 죽 늘어서 있으며, 줄도 점점 길어집니다. 거꾸로 가동률이 낮을 때는 담당자가 한가합니다.

그래서 이론의 전제로 가동률이 1보다 작다고 가정합니다. 이 경우에 현재는 바쁘다 하더라도 언젠가는 줄이 짧아지기 마련입니다. 대기행렬 이론에 따르면 가동률이 1보다 작을 때

$$평균 \ 대기 \ 시간 = \frac{가동률}{1-가동률} \times 1명에 \ 소요되는 \ 계산 \ 시간$$

이 됩니다. 가동률이 0.8이고 계산하는 데에 1명에 1분이 걸린다면 평균 대기 시간은

$$\frac{0.8}{1-0.8} \times 1분 = 4분$$

입니다. 가로축을 가동률로 하고 세로축을 평균 대기 시간(1명에 걸리는 시간의 몇 배인가)으로 하여 그래프를 그리면 〈그림 44〉와 같습니다.

가동률이 1에 가까워지면 대기 시간이 매우 빠르게 늘어나는 것을 알 수 있습니다. 거꾸로 가동률이 내려갈 때 대기 시간이 생각

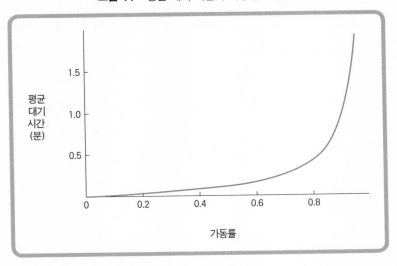

그림 44 · 평균 대기 시간과 가동률의 관계

이상으로 줄어듭니다. 앞의 예(가동률이 0.8)에서는 평균 대기 시간이 4분이지만, 가동률을 절반인 0.4로 하면 $\frac{2}{3}$ 분(약 0.67분)이 됩니다. 가동률은 절반으로 낮추었지만 대기 시간은 6분의 1로 줄어듭니다. 손님 입장에서 보면 확실히 계산대가 한산해지는 효과가 납니다.

여러분도 이런 경험을 해보지 않았나요? 편의점이나 슈퍼마켓에서 계산을 할 때, 열린 계산대가 한 곳밖에 없으면 잠시 기다릴 때가 있습니다. 그러나 다른 점원이 또 하나의 계산대를 열면 줄은 바로 짧아지고, 순식간에 계산이 끝납니다. 계산대가 두 곳이 되었으니, 직감으로는 대기 시간이 절반이 되겠구나 생각하겠지만, 실제 대기 시간은 그보다 훨씬 더 줄어듭니다.

손님은 모여서 오나?

이런 신기한 현상은 수학적으로 해명할 수 있습니다. 이와 관련한 공식을 끌어내기 위해서는 손님이 도착하는 방법에 약간의 제한을 둡니다. 그러나 이론을 정당화하기 위한 비정상적인 제한이 아니라, 단지 '손님은 서로 관계없이(독립적으로) 계산대에 줄을 선다'는 것입니다. 왜냐하면 '손님이 거의 3분 간격으로 계산대에 줄을 서는' 것과 같은 일은 매우 드물기 때문입니다. 어쨌든 손님은 물건을 다 골랐다고 생각해 줄을 섰다가도 간장 사는 것을 잊어버렸다는 것이 떠올라 조미료가 놓여 있는 곳으로 되돌아가기도 합니다. 그러고 나서 내키는 대로 아무 데나 줄을 서게 됩니다.

이때 어떤 식으로 손님이 계산대에 줄을 서는지 조사하기 위해,

그림 45 · 손님 50명이 도착하는 시간

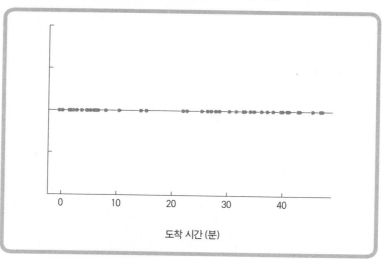

도착 시간 (분)

손님 50명이 독립적으로(서로 전혀 관계없이) 계산대에 줄을 서는 경우를 시뮬레이션해 보았더니 〈그림 45〉와 같았습니다.

작은 동그라미는 손님이 계산대에 줄을 서는 시각을 나타냅니다. 그림을 보니 어떤 생각이 드나요?

동그라미가 몰려 있는 부분과 동그라미가 전혀 없는 부분이 있네요. 손님이 잇따라 오는 경우도 있지만, 한동안 아무도 오지 않는 경우도 있습니다.

여기서 일정한 시간(30분이나 1시간 등)으로 구분해 몇 명이 도착했는지를 기록하면, 〈그림 46〉과 같은 히스토그램이 됩니다.

이 히스토그램에서는 가로축이 도착한 사람 수, 세로축은 도착한 사람 수의 비율(상대도수)입니다. 이를테면 10분 간격으로 계산

그림 46 · 도착한 사람 수의 히스토그램

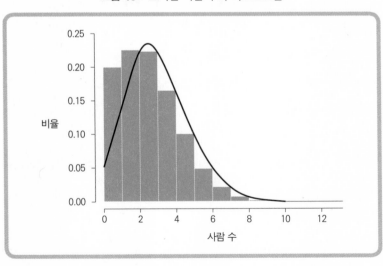

대에 줄을 선 손님의 수를 세었더니 1명인 경우가 20% 발생했습니다. 이 자료에서 평균은 2.9994명입니다.

포개어 그려져 있는 곡선은 사람 수에 대응하는 비율의 이론값입니다. 원래는 사람 수가 2.3명과 같이 어중간한 값은 나오지 않으므로 꺾은선그래프가 되어야 하지만, 시각적으로 보기 쉽게 하기 위해 매끄럽게 연결한 것입니다.

이 분포는 사실 '드물게 일어나는 현상이 일정한 기간 동안 몇 번 일어나는가'를 기록할 때, 일반적으로 나타나는 신기한 분포입니다. 발견자인 수학자 포아송*의 이름을 따서 '포아송 분포'**라고 합니다. 손님이 서로 전혀 관계없이(독립적으로) 도착할 때, 사람 수의 분포는 반드시 포아송 분포가 됩니다.

포아송 분포에 따라 도착하는 것을 '포아송 도착'이라고 합니다. 포아송 도착이 일어나는 상황은 '몰려 일어나기 쉽다'는 성질이 있습니다. 이것이 실제로 어떤 느낌인지 알아보기 위해 '어떤 손님이 도착하고 나서 다음 손님이 도착할 때까지의 간격'을 봅시다. 〈그림 47〉의 예에서는 평균 간격이 0.3332085분입니다.

몰려 일어나기 쉽다는 것은 간격이 좁은 쪽이 일어나기 쉽다는

....

* 시메옹 드니 포아송(Siméon-Denis Poisson, 1781-1840): 프랑스의 수학자, 물리학자. 수학에서는 정적분, 프리에 급수, 변분법, 확률론 등에 이바지함. – 옮긴이
** 포아송 분포는 흔히 전체 사건의 수 n이 크고 특정한 사건이 발생할 확률 p는 작은 경우에 이항분포를 대체하여 사용하는 분포라고 할 수 있다. 확률함수

$$f(x) = \lim_{n \to \infty} \binom{n}{x} p^x (1-p)^{n-x} = \frac{\mu^x}{x} e^{-\mu}$$

로 표현된다. x는 특정한 사건이 발생한 수이며 μ는 분포의 평균. – 옮긴이

그림 47 · 간격 분포

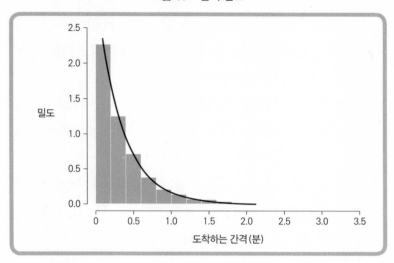

그림 48 · 계산대를 늘리는 경우

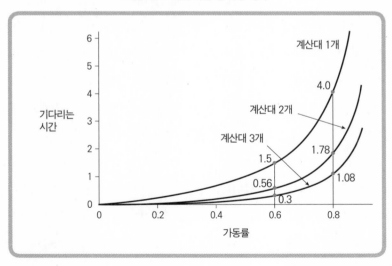

것입니다. 간격이 0에 가까운 곳이 가장 높게 나오네요. 간격이 벌어질수록 매우 빠르게 막대그래프의 높이가 낮아집니다. '서로 관계가 없는 현상이 몰려 일어나기 쉽다'는 것을 잘 알 수 있지요. 이러한 분포를 '지수 분포'라고 일컫습니다.

다음으로 계산대가 한 대일 뿐만 아니라 두 대, 석 대로 늘어날 경우에 어떻게 되는지 생각해봅시다. 〈그림 48〉은 계산대가 한 대, 두 대, 석 대일 때의 대기 시간을 나타낸 것입니다.

가로축이 가동률이고 세로축이 대기 시간입니다. 대기 시간은 1명당 대기 시간을 단위로 하며, '1명 계산하는 데 1분이 걸린다'고 설정되어 있습니다. 가동률이 0.8일 때, 계산대가 한 대라고 하면 대기 시간은 4분, 계산대를 두 대로 늘릴 경우는 1.78분, 석 대로 늘릴 경우는 1.08분이 된다는 것을 알 수 있네요. 두 대로 늘렸을 경우에 대기 시간은 44.5%로 절반 미만이 되고, 석 대로 늘렸을 경우에는 4분의 1 정도가 됩니다. 가동률이 좀 더 낮아질 경우, 대기 시간은 더욱더 줄어듭니다. 가동률이 0.6인 경우, 계산대가 한 대라면 평균 대기 시간은 1.5분이지만, 계산대를 두 대로 늘리면 0.56분으로 내려가고, 석 대로 늘리면 0.3분까지 내려갑니다. 석 대일 경우에는 대기 시간이 3분의 1 정도가 아니라 5분의 1이 됩니다.

놀랄 만한 개선 효과입니다. 가동률이 0.5인 경우는 숫자가 깔끔하게 떨어집니다. 이 경우의 결과는, 계산대가 한 대일 때 평균 대기 시간은 정확히 1, 두 대일 때는 $\frac{1}{3}$, 석 대일 때는 $\frac{1}{7}$ 이 됩니다.

역으로 말하면, 계산대를 줄이는 것이 손님의 대기 시간에 무척 큰 영향을 끼친다는 것을 알 수 있습니다. 인건비를 삭감하려고 계산대를 너무 줄이면 가동률이 1을 넘게 되고, 그러면 기다리다 못해 손님이 돌아가버리는 사태가 일어날지도 모릅니다.

기다리는 시간이 생기는 원인

대기 시간은 왜 이렇게 변하는 걸까요? 이것을 알아보기 위해 일부러 극단적인 예를 들어보겠습니다.

먼저 〈그림 49〉와 같이 손님이 사이를 두고 도착하는 경우는 대기 시간이 0입니다.

그러나 〈그림 45〉에서 볼 수 있듯이, 손님이 서로 관계없이(독립적으로) 도착하는 경우(포아송 도착을 하는 경우) 손님이 몰려 계산대에서 줄을 서게 됩니다. 곧, 〈그림 50〉처럼 '집단이 생겨나게 되는 것'입니다. 이것이 바로 대기 시간이 생기게 되는 원인입니다.

그림 49 · 대기 시간이 없는 경우

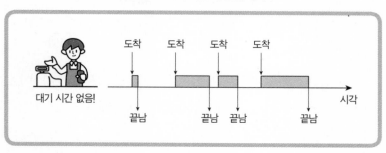

그래서 집단이 발생한 쪽에 도움을 주기 위해 점원이 한 사람 투입됩니다. 그러면 손님이 두 집단으로 나뉩니다. 즉, 계산대가 두 대가 되면 집단이 둘로 나뉘게 됩니다. 〈그림 50〉의 예에서는 집단이 나뉘어 인원이 줄어듦으로써 대기 시간이 절반 정도가 아니라 아예 0이 되었네요.

이처럼 대기 시간이 0이 되는 것은 극단적인 예이지만, 적어도 계산대가 늘어나면 집단의 규모가 작아져 대기 시간이 절반 이하로 줄어든다는 메커니즘은 볼 수 있습니다.

'몰려 일어남', '일정 시간 동안에는 일어나지 않음'이라는 성질은 매우 중요합니다. 실제로 이러한 일들은 항공기 사고나 교통사

그림 50 · 도와주는 사람이 투입되어 혼잡을 해소함!

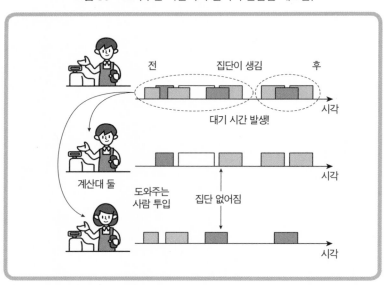

고 등을 포함해 우리 주변의 여러 가지 현상에서도 볼 수 있기 때문입니다.

수필가로도 유명한 물리학자 데라다 도리히코(1878-1935)는 '자연재해는 잊을 만하면 찾아온다'는 말을 남겼습니다. 독자 여러분이 이미 알고 있듯이 이 말은 포아송 분포라는 수학적 근거를 바탕으로 한 말이지, 단순히 도덕적인 표어는 아닙니다.

후반 대역전의
가능성은

9월 8일

영화 '쇼생크 탈출'을 봤다. 아무튼 통쾌한 작품이다.
'큰 승부에서 한 방이면 승부를 역전시킬 수 있다'는 것을
잘 보여주고 있다.
비록 계속 지고 있더라도 크게 한 번 성공하면
모든 것을 만회할 수 있다.
생각해보면 일을 할 때나 회사에서도 그렇지 않은가?
벼랑 끝에 선 기업이 사활을 건 싸움에서 이기고
확고부동한 대기업으로 발전하는 예는 무척 많다.

한 방으로 역전할 가능성

'쇼생크 탈출'과 같이 한 번에 역전하는 이야기는 사람들에게 용기를 줍니다. 저도 무척 좋아하는 영화지요.

그런데 실제로 이런 대역전극은 어느 정도의 확률로 일어날 수 있을까요? 이것을 알아보기 위해, 확률론에서는 빠질 수 없는 '난수'에 관해 얘기해보고자 합니다.

먼저 동전을 던져 앞면이 나오면 1, 뒷면이 나오면 0으로 해서 0과 1을 한 줄로 늘어놓아 봅시다. 그러면 다음과 같이 나올 수 있습니다.

101001101100101010011001111001001000101111
000011

0과 1이 나오는 비율은 정확히 반반입니다. 더구나 동전 던지기는 "'지금까지 나온 0과 1의 횟수'와 '다음에 0과 1 중 어느 것이 나올까?'의 사이에는 아무런 관계도 없다"라는 상황으로 전개됩니다. 이런 난수를 '이상적인 난수'라고 말합니다.

난수라는 개념은 매우 수학적입니다. 이렇게 말하는 것은 '이상적인 난수의 모양'이 이미 결정되어 있기 때문입니다.

1990년대 말부터 2000년대 초 무렵에 저는 기업에서 IC(integrated circuit: 집적회로)카드나 휴대전화의 SIM(subscriber identity module: 가입자 인식 모듈) 같은 암호 기술을 연구, 개발하는 부서에서 일하고 있었습니다. 여기서 설계했던 것 가운데 하나가 '질이 좋은 진난수 (眞亂數, true random number) 발생 장치'입니다. 난수 발생 장치를 만든 이유는, 암호 기술에서는 인증을 위해 난수가 필요한데, 빠른 속도로 품질 좋은 난수를 발생시켜야 인증의 안전성도 높아지기 때문입니다.

'난수 발생 장치'라는 것은 말 그대로 0과 1로 구성되는 난수의 열을 만드는 장치입니다. 아주 쉽게 말하자면 타격 연습장에 있는 공 던지는 기계와 같은 것을 떠올리면 됩니다. 다만, 던지는 것은 공이 아니라 0과 1이라는 숫자입니다.

'진정'한 난수는 저항의 양쪽 끝 전압의 차이나 시계의 미묘한 흔들림을 이용해 만들어집니다. 이를테면 저항의 양쪽 끝 전압이 미리 정해진 기준값 이상이면 1, 기준값 미만이면 0이라고 하여 무작위로 0과 1을 만들어내는 것입니다.*

통상적으로 컴퓨터로 만든 난수는 '의사난수(擬似亂數, pseudorandom number)'라고 합니다. 의사난수는 진짜 난수에서 보이는 것 같은 숫자의 배열을 '일정한 규칙에 따라' 만든 것입니다. 의사난수는 의사＝가짜이므로, 일단 규칙이 분명해지면 다음에 0이 오는지 1이 오는지 알 수 있습니다.** 그러나 원래는 다음에 어떤 공이 올지 예상할 수 없도록 해야 할 필요가 있습니다.

진난수 발생 장치는 그 해결책의 하나입니다. '자연의 흔들림은

---

* 실제로는 저항의 양쪽 끝 전압의 차이는 매우 작으므로 증폭기를 사용해 증폭시키고 나서 기준값과 비교합니다.

규칙을 알 수 없으므로 예측할 수 없다'는 것이 장점입니다.

그런데 난수의 '질이 좋다'는 것은 무슨 의미일까요? 난수의 좋고 나쁨을 판단하기 위한 구체적인 점검 요소로는 두 가지를 들 수 있습니다.

하나는 0과 1이 반씩 나와야 한다는 것으로 이것을 '균일성'이라고 합니다. 실제로 진난수 발생 장치를 만든 다음, 거기에서 나오는 0과 1을 세어서 반에 가깝게 나오는지 아닌지 균일성을 조사합니다.

또 하나는 나오는 수의 '독립성'입니다. 0 다음에 1이 나오는 것이 쉽다든지, 1 다음에 010이라는 숫자가 잇따라 나오는 경우가 많다든지 하는 패턴이 있다면 난수로서는 그다지 질이 좋다고 할 수 없습니다.

그래서 이러한 균일성과 독립성을 조사하기 위한 여러 가지 검사 방법이 만들어졌습니다. 그 가운데 하나가 랜덤 워크 검사

** 이는 조금 정확하지 않은 표현으로, 암호학적인 관점에서는 의사난수 규칙을 완전히 알고 있다 하더라도 다음에 어떤 숫자가 나올지 알 수 없는 경우도 있습니다. 이를테면 매우 큰 서로 다른 두 소수(素數) p, q를 비밀리에 보존하고, 비밀의 씨앗 S(의사난수를 만들기 위한 씨앗에 해당하는 수)를 거듭하여 제곱한 수를 $p \times q$로 나눈 수의 가장 마지막 비트(2진수로 나타냈을 때의 첫째 자리의 수)를 출력하는 의사난수 생성기는 BBS(Blum-Blum-Shub) 의사난수 생성기라고 일컬어지는데, p, q를 알지 못하면 무엇이 나올지 예측할 수 없다고 알려져 있습니다. 소인수분해는 (적어도 2014년 현재는) 계산 시간이 아주 많이 걸리는 문제입니다. p, q가 충분히 크다면 현실적인 시간 안에 소인수분해를 하기는 어렵습니다. 이런 의미에서 BBS 의사난수 생성기는 암호학적으로 안전합니다. 다만, 이 경우에도 씨앗 S를 어떤 방법으로든 만들어야 하기는 합니다. 이 때문에 진난수 발생 장치가 필요합니다.

그림 51 · 랜덤 워크

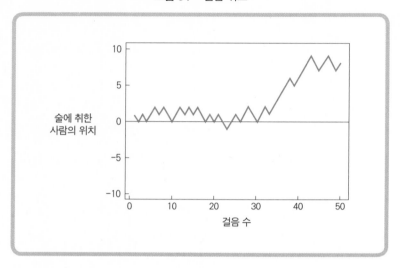

(random walk test)입니다. 랜덤 워크란 술에 취한 사람의 걸음걸이 같은 것으로, 가장 간단한 것은 직선 위를 아무렇게나 오가며 움직이는 점으로 표시됩니다. 이를테면 〈그림 51〉과 같습니다.

확실히 술에 취한 사람의 걸음걸이 같다는 생각이 드는 자취입니다. 실제로 랜덤 워크는 '술 취한 걸음걸이(취보)', '어지러운 걸음걸이(난보)'라고도 합니다.

그래서 이 랜덤 워크 검사를 사용해 난수 검사를 해보려고 합니다. 진난수 발생 장치에서 0과 1이 나오는 대로 수직선 위에 나타내고 그 자취를 관찰하는 것입니다(그림 52).

'1이 나오면 오른쪽'으로 한 칸, '0이면 왼쪽'으로 한 칸을 움직이는 식으로 점이 놓이도록 합니다. 만약 '균일한 난수'라고 하면

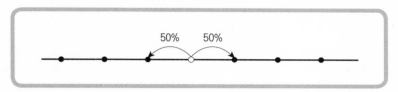

그림 52 · 랜덤 워크

정확히 50%의 확률로 오른쪽, 50%의 확률로 왼쪽에 움직이게 됩니다. 또한 '독립인 난수'라고 하면, '오른쪽으로 가고 나서는 왼쪽으로 돌아올 확률이 높아진다'와 같이 '그때까지의 움직임이 다음의 움직임에 영향을 끼치는 일'은 일어나지 않을 것입니다. 그 자취가 이상적인 랜덤 워크에서 보이는 성질을 어느 정도 만족하고 있는지를 조사해보면 난수 발생 장치에서 나오는 0과 1로 만들어지는 수열의 질을 알 수 있다는 것입니다.

술 취한 사람의 발걸음

실제로 나온 결과를 바탕으로 점의 자취를 표시하면, 결과는 대략 〈그림 53〉, 〈그림 54〉와 같습니다.

가로축이 난수를 발생시킨 횟수(시간이라 생각해도 상관없습니다), 세로축은 점의 위치입니다. 어느 것이나 플러스 쪽이나 마이너스 쪽으로 조금 치우쳐 있습니다. 제가 회사에서 동료에게 이 결과를 보여주자, "이건 0과 1의 비율이 치우쳐 있다는 것이네요."라고 평가했습니다. "이상적인 랜덤 워크는 〈그림 55〉와 같이 0을 되풀이

그림 53 · 1000개의 난수로 시행한 랜덤 워크(1)

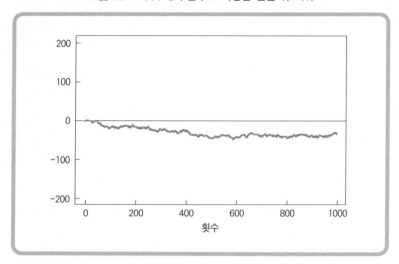

그림 54 · 1000개의 난수로 시행한 랜덤 워크(2)

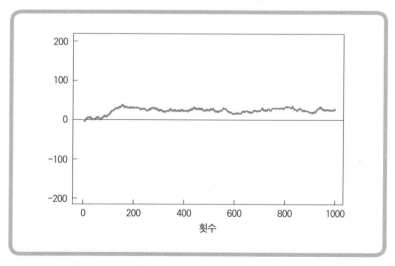

해서 가로지르는 것이어야 하지 않을까요?"라고 말하더군요.

여러분은 어떻게 생각합니까? 이상적인 랜덤 워크는 〈그림 55〉처럼 되어야 하는 걸까요?

이것을 확인하기 위해 점이 수직선 위를 움직일 때, 플러스 쪽에 있는 시간(그림 54)이 어느 정도 되는지 조사해봅시다. 랜덤 워크 검사를 1,000번 시행하고 나서 점이 플러스 쪽에 있는 시간의 길이를 기록합니다. 이러한 시뮬레이션을 1,000번 실행하여 그 분포를 〈그림 56〉에 나타냈습니다.

0에 가까운 쪽은 대부분의 시간 동안 마이너스 쪽에 있었음을 보여주고, 1000에 가까운 쪽은 대부분의 시간 동안 플러스 쪽에 있었음을 나타내고 있습니다. 500 근처는 플러스 쪽에 있던 시간과 마

그림 55 · 이상적인(?) 랜덤 워크

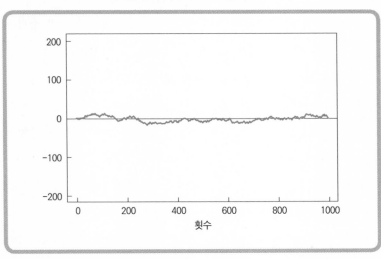

그림 56 · 플러스 쪽에 있는 횟수의 히스토그램

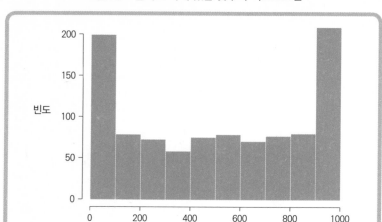

이너스 쪽에 있던 시간이 같은 정도였던 경우입니다. 〈그림 56〉을 보면 시간의 분포는 양끝에서 매우 많이 나타나고 있습니다.

실제로 이것은 아크사인 법칙(역사인 법칙)이라고 합니다. 수학적으로 증명할 수 있는 사실이지요.

이론적으로 히스토그램은 〈그림 57〉에 그려진 곡선에 가까운 것이 됩니다. 더욱이 가로축과 세로축의 구간의 크기를 축소해 시뮬레이션 결과를 겹쳐 보아도 이론과 시뮬레이션 결과는 일치합니다. 양 끝이 매우 크게 되는 것이지요.

수학적으로는 〈그림 53〉, 〈그림 54〉와 같이 한쪽에 오랜 시간 있는 것이 많고, 〈그림 55〉와 같이 0을 되풀이해서 가로지르는 것은 드뭅니다. 곧, 제가 만든 진난수 발생 장치는 사실 제대로 기능

그림 57 · 아크사인 법칙

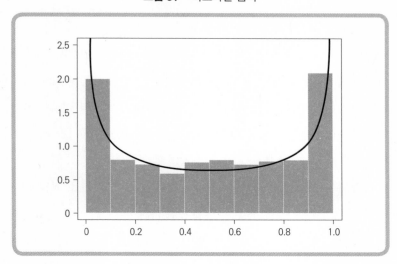

하고 있던 것입니다. 출력된 0과 1도 거의 반반으로 섞여 있는 질이 좋은 난수였습니다.

이 직감을 거스르는 정리, 아크사인 법칙을 증명한 사람은 레비[*]라는 수학자입니다. 논문이 발표된 해는 1940년이고요. 그의 천재적인 아이디어를 살펴봅시다.

랜덤 워크하는 점이 우연히 플러스 쪽, 이를테면 플러스 10의 위치로 옮겨갔다고 해봅시다. 이를 게임으로 본다면 이긴 횟수가 진 횟수보다 10회 많은 것이 됩니다. 게임의 횟수를 더욱 늘려가다 보면 어딘가에서 우연히 계속 이기게 되거나, 지는 횟수가 많아

....

[*] 폴 레비(Paul Lévy, 1886 - 1971): 확률론을 전공한 프랑스의 수학자. - 옮긴이

지는 때가 있습니다.

이때 0을 가로질러 마이너스 쪽으로 옮겨가기 위해서는 0이 10번 잇따라 나와야(마이너스 쪽으로 10번 옮겨가야) 합니다. 그러나 그렇게 될 확률은 원래는 매우 낮아, $\left(\frac{1}{2}\right)^{10} = 0.0009765625$(0.1% 가 되지 않음)밖에 되지 않습니다. 보통은 10회 중에 5회 정도는 1이 나와 플러스 방향에 머물게 됩니다. 그렇게 되면 마이너스 쪽으로 는 잘 가지 않게 됩니다.

게임에서 지고 있는 쪽에서 보았을 때, 한 번 주도권을 빼앗기면 그것을 찾아오기 어렵다는 뜻입니다.

아크사인 법칙에 따라 계산해보면, 게임을 할 때 주도하는 시간 이 전체의 90% 이상일 확률이 20.5%나 됩니다. 주도하고 있는 쪽 은 실력으로 그렇게 된 것처럼 생각할지도 모르지만, 실력이 막상 막하인 경우(이기고 질 확률이 각각 50%)라고 해도 오랜 시간 계속해 서 주도하는 것은 조금도 드문 경우가 아닙니다.

거꾸로 말하면, 열심히 노력해서 주도권을 계속 유지하면(승리 를 쌓아두면) 주도권을 빼앗길 가능성은 매우 작다고 말할 수 있습 니다.

처음에 지면 그 뒤까지 영향을 받아 좀처럼 역전하기 어렵다고 말하는 아크사인 법칙. 냉정한 말이지만 수학적으로는 이것이 진 실입니다.

어느 수학자의
바늘 던지기

9월 15일

새로운 수학 문제집을 사왔다. 수학이 취미인 나로서는 이런저런
생각을 짜내는 것이 즐겁다. 첫 문제는...

> **문제** 평면 위에 여러 개의 평행선을 긋고, 그 위에 바늘을
> 떨어뜨린다. 이때 바늘이 평행선의 어느 하나와 만
> 날 확률은 얼마인가?

잘 모르겠지만, 일단 공책에 바늘을 떨어뜨려보자.

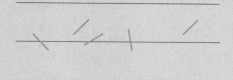

이걸 보면 5분의 3의 확률이다. 굳이 이런 걸 문제로 만들다니, 뭔가 좀
이상하다.

우연과 몬테카를로

교양 수학 문제집은 확률 문제를 실어놓은 경우가 무척 많습니다. 아마도 저자로서는 확률 분야에서 문제를 만들기가 쉽기 때문일 것이라고 짐작합니다. 그러나 이 문제에 관해서라면 이야기가 다릅니다.

이것은 확률 문제처럼 보이지만, 사실은 기하학과 관계가 있습니다.

'평균이 존재하지 않는 세계'에서 큰수의 법칙을 나타낸 그래프를 보았습니다. 우연히 일어나는 일도 횟수가 많아지면 참값에 가까워진다는 것이 큰수의 법칙입니다. 이 성질을 이용한 계산 방법을 '몬테카를로 방법'이라고 합니다.

몬테카를로는 모나코의 네 지역 중 하나인데, 카지노로 유명하지요. 몬테카를로 방법은 우연을 이용해 계산하는 방법입니다. 일종의 도박 같은 것이어서 이런 이름이 붙여졌습니다.

예를 들어 이 몬테카를로 방법을 이용해 원의 넓이를 계산할 수 있습니다.

먼저 한 변의 길이가 2인 정사각형 안에 10,000개의 점을 찍습니다. 10,000개의 점은 계산기를 사용해 무작위로 찍으면 됩니다. 그런 다음 정사각형에 내접하는 반지름의 길이가 1(지름 2)인 원 안에 찍힌 점만을 까맣게 표시해놓은 것이 〈그림 58〉입니다.

이때 반지름의 길이가 1인 원의 넓이는 정확히 π가 되고 바깥쪽 정사각형의 넓이는 $2 \times 2 = 4$가 됩니다. 그러면 원 안에 점이 찍힐

그림 58 · 몬테카를로 방법으로 원의 넓이 계산하기

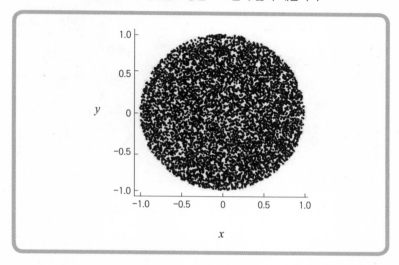

확률은 $\frac{\pi}{4}$가 되어야 합니다.

실제로 원 안에 있는 점의 개수를 세어보면 7,819개입니다. 이는 비율이 $\frac{7819}{10000}$ = 0.7819라는 것입니다. $\frac{\pi}{4}$ = 0.7853981······에 가까운 값이네요. 소수점 아래 두 번째 자릿수까지 같습니다. 이 예에서는 점이 10,000개이지만 점의 개수를 더욱 늘리면 그 확률은 점점 더 $\frac{\pi}{4}$에 가까워집니다. 이것이 몬테카를로 방법의 사고방식입니다.

그런데 몬테카를로 방법의 한 종류로서 더욱 수준 높은 문제가 있습니다. 바로 글머리에서 제시한 문제로, 18세기의 박물학자, 수학자, 식물학자인 뷔퐁*이 제기한 것입니다.

그림 59 · 바늘을 던졌을 때 바늘이 놓인 예

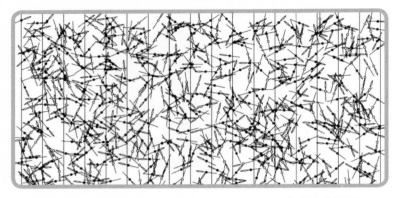

(http://www.smac.lps.ens.fr/index.php/Program:Direct_needle에서 인용함.)

> 문제: 평면 위에 여러 개의 평행선을 긋고, 그 위에 바늘을 떨어뜨렸을
> 때, 바늘이 평행선의 어느 하나와 만날 확률은 얼마인가?

이것을 '뷔퐁의 바늘 문제'라고 합니다. 실제로 바늘을 떨어뜨려
보면 〈그림 59〉와 같이 되지요. 문제는 '바늘을 여러 번 던졌을 때,
직선과 만나는 횟수를 세려면 어떻게 해야 할까' 하는 것입니다.

뷔퐁이 살던 시대에는 컴퓨터가 없었기 때문에, 몬테카를로 방
법을 실행하려면 반드시 바늘을 던져보아야 했습니다. 수학자가
바늘을 던지고 기록하다니, 슬그머니 웃음이 떠오르는 광경이네요.

바늘이 선과 만날 확률은 바늘의 길이와 직선의 간격으로 결정

....

* 조르주-루이 르클레르 뷔퐁(Georges-Louis Leclerc Buffon, 1707-1788): 프랑스의
수학자, 박물학자, 철학자. 진화론의 선구자. - 옮긴이

됩니다. 왜냐하면 바늘의 길이와 견주어서 평행선 사이의 간격이 좁을수록 바늘이 직선과 만날 확률이 높아질 것이기 때문입니다. 거꾸로 바늘의 길이와 견주어서 평행선 사이의 간격이 넓을수록 둘이 만날 확률이 낮겠지요.

뷔퐁이 제시한 원래의 문제에서는 '바늘의 길이는 평행선 사이 거리의 정확히 반'이라는 전제가 있었습니다. 여기에서는 '평행선 사이의 거리를 4cm, 바늘의 길이를 2cm'라고 가정합시다(그림 60).

바늘의 길이는 평행선 사이 간격의 반밖에 되지 않습니다. 그러므로 바늘이 직선과 만나더라도, 직선 중에서 가장 가까운 1개와 만날 뿐입니다.

시뮬레이션을 해봅시다.** 20,000개의 바늘을 떨어뜨리는 시뮬레이션을 실행해보겠습니다(그림 61). 그 결과, 바늘은 6,368번 직선과 만났습니다. 즉, 바늘이 직선과 만날 확률은 $\frac{6368}{20000} = 0.3184$가 됩니다.

바꾸어 말하면 $\frac{1}{0.3184} = 3.140703 \cdots$개 중에서 1개의 비율로 바늘이 직선과 만납니다.

3.140703개 중에서 1개. 어디선가 본 적이 있는 수 같지 않나요?

그렇습니다. 사실 이것은 원주율입니다.

신기하네요. 처음에 몬테카를로 방법을 적용한 예는 원의 넓이

....

** 엄밀히 말하면, 시뮬레이션을 실행할 때 60분법의 각도를 사용하지 않고 라디안을 사용합니다. 그런데 거기에 π가 나오므로 시뮬레이션으로 뷔퐁의 바늘 문제를 다루는 것은 순환논법이 됩니다. 그러니 여기에서는 감상하는 데 중점을 두도록 합시다.

였으므로 π가 나오는 것이 당연했습니다. 하지만 뷔퐁의 바늘 문제에서는 원은 비치지도 않았습니다.

어떻게 된 일일까요? 단번에 전체를 파악하는 것은 어렵습니다. 먼저 기본이 되는 예를 생각해보고, 조금씩 이해해가도록 하지요.

그림 60 • 4cm 간격으로 평행선이 그어진 평면 위에 길이가 2cm인 바늘을 떨어뜨린다

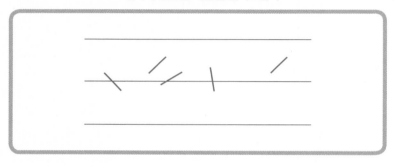

그림 61 • 20,000번 바늘을 떨어뜨리는 시뮬레이션

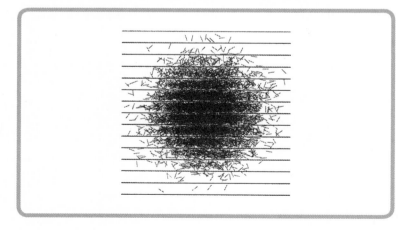

바늘과 원을 잇는 것

먼저 '평행선에 대해 바늘이 정확히 30° 비스듬히 놓여 있다'고 합시다. 그때 바늘과 직선이 만나는 상황은 어떤 때일까요? 바늘과 직선은 〈그림 62〉나 〈그림 63〉처럼 될 것 같네요. '평행선에 대하여 바늘이 정확히 30° 비스듬히 있다'는 상태는 삼각자를 떠올리게 합니다. 그렇다는 것은 높이 : 빗변 : 밑변이 $1 : 2 : \sqrt{3}$의 비가 된다는 것이지요.

그림 62 · 만나는 경우와 만나지 않는 경우(1)

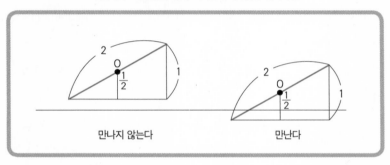

그림 63 · 만나는 경우와 만나지 않는 경우(2)

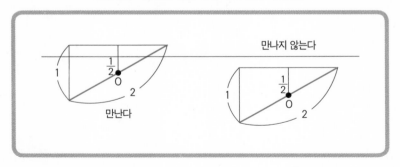

여기서 바늘의 중심을 O라고 합시다. 이 경우에 바늘이 직선과 만날 조건은 '점 O와 가장 가까운 직선까지의 거리가 $\frac{1}{2}$ = 0.5cm(5mm)보다 가까울 때'가 됩니다.

바늘의 각도가 30°일 때의 조건은 이런 식으로 알 수 있습니다. 이 조건을 활용해 바늘의 중심 O의 위치와 바늘의 각도에 대해 더 일반화하면, 문제가 해결될 것입니다. 그러나 점 O의 위치와 바늘의 각도에 대해 한 번에 생각하는 것은 어렵지요. 그래서 '① 점 O의 위치'와 '② 바늘의 각도'의 두 가지로 나누어 생각해보도록 하겠습니다.

먼저 '① 점 O의 위치'부터 살펴봅시다. 점 O가 어디에 있든지, 점 O와 가까운 직선과 만나는지 아닌지는 '점 O부터 직선까지의 거리가 선분 OH의 길이보다 짧은지 긴지'에 따라 결정될 것입니다(그림 64).

다음으로 '② 바늘의 각도'를 생각해보겠습니다. 바늘과 평행선

그림 64 · 바늘이 직선과 만나기 위한 조건

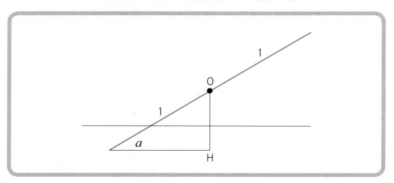

그림 65 · 각도와 선분 OH의 관계

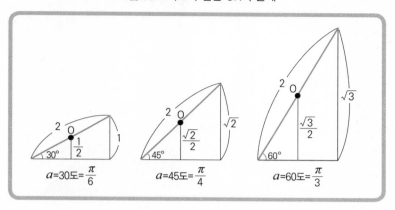

$$a=30도=\frac{\pi}{6} \qquad a=45도=\frac{\pi}{4} \qquad a=60도=\frac{\pi}{3}$$

이 이루는 각을 a라고 합시다. a를 바꾸면 그에 따라 선분 OH의 길이도 달라집니다. 〈그림 65〉는 a가 $30°$, $45°$, $60°$일 경우의 선분 OH의 길이입니다.

선분 OH의 길이는 각각 $\frac{1}{2}=0.5$, $\frac{\sqrt{2}}{2}=0.7071067\cdots\cdots$, $\frac{\sqrt{3}}{2}$ $=0.8660254\cdots\cdots$가 됩니다.

여기서 각도를 가로축으로, 선분 OH의 길이를 세로축으로 하는 그래프를 그려보면 〈그림 66〉과 같습니다.

가로축의 각의 크기는 라디안이라는 단위로 되어 있습니다. 라디안이라는 단위는 각도($°$)를 반지름이 1인 부채꼴의 호의 길이로 나타낸 것입니다.* 그러므로 $360°$는 반지름이 1인 원 둘레와 같으

---

* 다시 말해서 반지름 r과 같은 길이를 갖는 호에 대한 중심각의 크기는 반지름의 길이 r 에 관계없이 일정한데, 이 일정한 각의 크기 $\frac{180°}{\pi}$를 1라디안(radian)이라고 함. – 옮긴이

그림 66 · 바늘이 평행선과 만나는 조건을 만족하는 부분

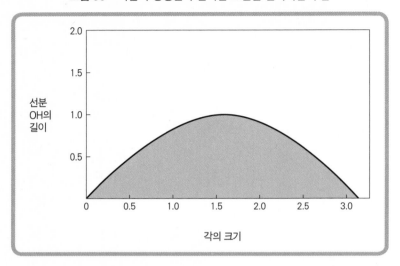

그림 67 · 바늘의 각도와 직선으로부터 점 O까지 거리

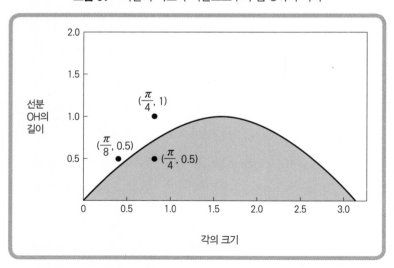

므로 2π가 됩니다. 점 O부터 직선까지의 거리가 선분 OH의 길이
보다 짧은 곳은 〈그림 66〉의 파란색 부분이 됩니다.

다시 바늘의 배치를 각의 크기(가로축)와 점 O에서 가장 가까운
직선까지의 거리(세로축)로 나타내봅시다.

〈그림 67〉에서는 각도가 45°($\frac{\pi}{4}$)일 때와 22.5°($\frac{\pi}{8}$)일 경우, 점 O
에서 직선까지의 거리가 0.5일 때와 1일 때를 나타냈습니다. 같은
45°일 때라도 점 O와 직선 사이의 거리가 0.5일 때는 직선과 만나
므로 점은 파란색 부분에 놓이고, 거리가 1일 때는 만나지 않으므
로 흰색 부분에 점이 놓이게 됩니다. 점 O와 직선 사이의 거리가
0.5인 경우에도 각도가 45°일 때는 직선과 만나므로 파란색 부분
에 점이 놓이지만, 각도가 22.5°일 때는 만나지 않으므로 흰색 부
분에 점이 놓이게 됩니다.

어쨌든 바늘의 중심 O는 〈그림 67〉의 직사각형 어딘가에 놓이
게 됩니다. 이 직사각형의 넓이는 가로의 길이가 π이고 세로의 길
이가 2이므로 2π가 됩니다.

여기서 π가 나오네요. '직사각형 안에서 파란색 부분의 넓이가
차지하는 비율'이 바늘이 평행선과 만날 확률이 되는 것입니다.

이제 파란색 부분의 넓이를 계산하는 일이 남았습니다. 적분을
해야 하는데 그렇게 어렵지는 않습니다. 답은 2입니다. 그러므로
$\frac{2}{2\pi} = \frac{1}{\pi}$이라는 확률이 구해집니다. 즉, 뷔퐁의 바늘 문제에서 확
률은 $\frac{1}{\pi}$입니다.

파란색 부분의 넓이도 몬테카를로 방법으로 대략적으로 계산

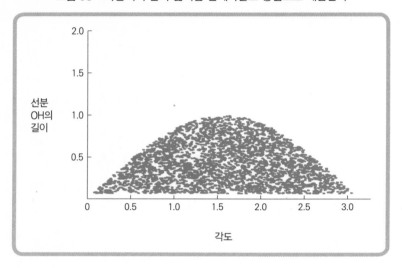

그림 68 • 파란색 부분의 넓이를 몬테카를로 방법으로 계산한다

할 수 있습니다(그림 68). 10,000개의 점을 직사각형 안에 떨어뜨리고 파란색 부분에 놓인 점의 개수를 세어보았습니다. 그 결과, 3,209개가 되었습니다. 그렇다는 것은 비율이 $\dfrac{3209}{10000} = 0.3209$라는 것입니다. 이것의 역수는 3.116235⋯⋯입니다. 이것도 π와 가까운 값이네요.

'평행선과 바늘'을 쭉 따라가다 보니 원주율이 나왔습니다. 언뜻 이상하게 생각될지 모르겠지만, 사실 '각'이라는 개념 안에 원주율이 숨어 있던 것입니다.

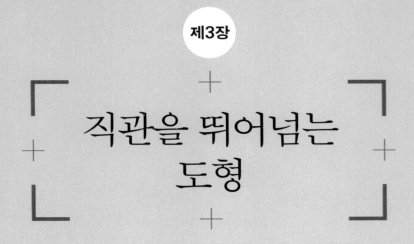

제3장

직관을 뛰어넘는
도형

도형 문제는 감각이 필요하다고 이야기하지만

이론적 사고력을 갈고닦는 것이 훨씬 효과가 있습니다.

맨홀 뚜껑은
꼭 원 모양이어야 하나

9월 30일

수학 문제집을 사서 푸는 일이 날마다 하는 습관이 되었다.

> **문제** 맨홀 뚜껑은 왜 둥글게 되어 있을까?

정답은 뚜껑이 빠지지 않도록 하기 위해서.

물건의 모양에는 필연성이 있다. 맨홀 뚜껑은 둥글지 않으면 안 된다.

왜냐하면 '폭이 일정한 모양은 원밖에 없기' 때문이다.

오늘의 문제는 나에게는 정말 간단한 것이었다.

구멍에 빠지지 않는 모양은 원뿐일까?

이 '맨홀 뚜껑은 왜 둥글게 되어 있을까?'라는 문제는 마이크로 소프트사의 입사 시험문제로 나와 화제가 되었기 때문에, 알고 있는 사람들도 있을 거라고 생각합니다. '굴리기 쉬우므로', '가공하기 쉬우므로'와 같은 물리적 요인은 제외하고 생각해보면, 정답은 글머리에도 있듯이 뚜껑이 맨홀 안으로 빠지지 않도록 하기 위해서입니다.

시험 삼아 정사각형으로 만들어보면 〈그림 69〉와 같이 되어 뚜껑이 맨홀 안으로 떨어져버립니다.

이런 종류의 문제에 대해서 인간은 비교적 선선히 납득하는 존재이므로, 이 이상으로 문제를 파고드는 괴상한 사람은 별로 없습니다. 그러나 독자 여러분만큼은 꼭 생각해보았으면 좋겠습니다. '둥글지 않은 맨홀 뚜껑을 만들 수 있을까?'라고요.

머릿속에 일단 '둥글면 돼!'라는 인식이 형성되면 좀처럼 거기

그림 69 · 정사각형 모양의 맨홀은 위험!

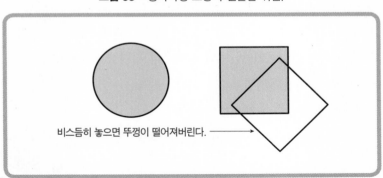

비스듬히 놓으면 뚜껑이 떨어져버린다. ──→

그림 70 · 직사각형이어도 사정은 똑같다

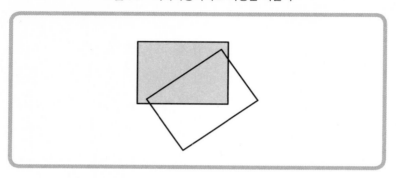

에서 빠져나오기 어렵습니다.

그런데 정사각형 뚜껑은 왜 떨어지는 걸까요? 뚜껑을 비스듬히 하면, 정사각형의 변의 길이가 구멍의 대각선 길이보다 짧아지기 때문입니다. 그러니까 '정사각형의 대각선 길이는 정사각형 한 변의 길이보다 길다'는 뜻입니다. 정사각형의 대각선의 길이는 한 변의 $\sqrt{2} = 1.41421356\cdots\cdots$배이기 때문입니다.

그러면 맨홀과 뚜껑을 직사각형 모양으로 만들면 어떻게 될까요(그림 70)?

보시는 바와 같이 직사각형으로 만들어도 사정은 달라지지 않습니다. 대각선의 길이가 한 변의 길이보다 길지요. 어떤 직사각형으로 확인해도 마찬가지입니다.

정삼각형일 때도 생각해봅시다(그림 71).

정삼각형은 가장 긴 길이가 한 변이므로 어떻게 회전시켜도 떨어지지 않습니다. 하나의 꼭짓점에서 밑변에 그은 수선의 길이(높

그림 71 · 정삼각형 모양의 맨홀

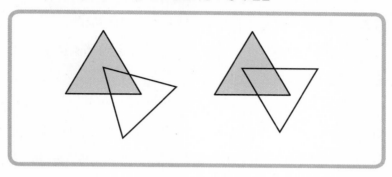

이라고 해도 됩니다)는 변보다 짧기 때문입니다.

　이번에는 정오각형으로도 실험을 해봅시다(그림 72). 정오각형의 대각선 길이는 한 변의 길이의 $\dfrac{1+\sqrt{5}}{2}=1.618033\cdots\cdots$배인데, 높이는 $\dfrac{\sqrt{5+2\sqrt{5}}}{2}=1.538841\cdots\cdots$로 대각선보다 짧습니다.

　정오각형 모양의 경우에도 맨홀에 걸려 떨어지지 않습니다. 정

그림 72 · 정오각형

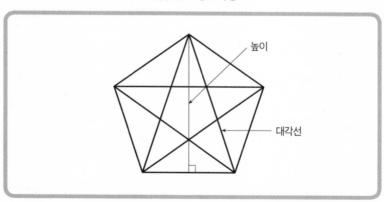

높이

대각선

삼각형일 때보다 조금 이해하기 어렵지만, 가장 긴 대각선 부분이 맨홀에 언제나 걸리기 때문입니다.

같은 방법으로 정칠각형, 정구각형 등도 맨홀 뚜껑으로 만들 수 있습니다. 이론적으로는 말이죠.

교과서식으로 요점을 정리하면, '일반적으로 변의 개수가 홀수인 정다각형 모양의 뚜껑은 빠지지 않는 반면, 정사각형과 같이 변의 개수가 짝수인 정다각형 모양의 뚜껑은 맨홀 구멍으로 떨어진다'고 말할 수 있습니다.

뢸로 다각형

여기서 '아니, 변의 개수가 홀수인 정다각형이면 된다지만, 매끄러운 형태가 실용적이지 않을까?' 하는 의견이 있을지도 모릅니다.

각이 있는 모양보다 운반하기 편하다는 생각이 드네요. 좋습니다. 정삼각형 모양의 맨홀을 매끄러운 모양으로 만들고자 한다면 〈그림 73〉과 같이 만들면 됩니다.

실제로 그릴 때는 삼각형의 각 꼭짓점에 컴퍼스를 대고 호를 그리면 깔끔하게 작도할 수 있습니다.

통통하고 귀여운 모양이네요. 이와 같은 도형을 뢸로* 삼각형이라고 합니다. 뢸로 삼각형도 정삼각형처럼 떨어지지 않으므로 맨

----

* 프란츠 뢸로(Franz Reuleaux, 1829-1905): 독일의 기계공학자. - 옮긴이

그림 73 · 뢸로 삼각형

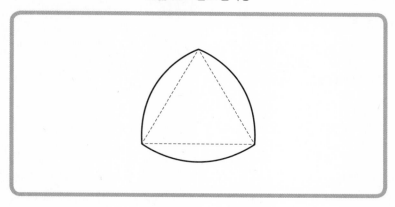

홀 뚜껑으로 사용할 수 있습니다. 삼각형을 변형했다고 할 수 있는데, 물론 원과 다르지만 실제로는 원과 같은 성질을 지니고 있습니다. 그 성질은 '폭이 같다'는 것(그림 74)입니다. 수학 용어로는 '정폭성(定幅性)' 또는 '등폭성(等幅性)'이라고 합니다.

마찬가지로 정오각형, 정칠각형을 둥그스름하게 변형한 것도 있는데, 각각 뢸로 오각형, 뢸로 칠각형이라고 합니다(그림 75).

뢸로 다각형은 실제 물건에서도 사용되고 있습니다. 영국의 20펜스, 50펜스 동전을 본 적이 있나요? 이것들은 실제로 뢸로 칠각형으로 되어 있습니다(그림 76).

잘 살펴보면 변이 미묘하게 둥글게 되어 있네요. 단순한 칠각형보다 더 세련되어 보이나요?

이렇게 해서 하나의 과제가 매듭이 지어졌다고 말하고 싶은데, '변을 둥글게 한 것처럼 각도 둥글게 할 수 있을까?' 하고 궁금해

그림 74 · 뢸로 삼각형의 등폭성

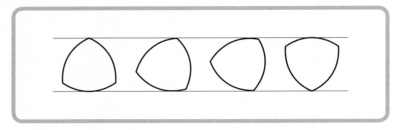

그림 75 · 뢸로 다각형

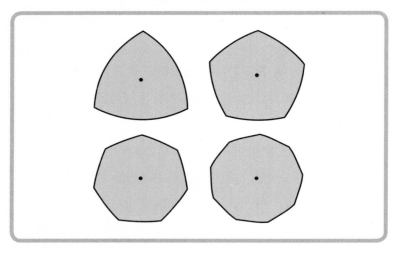

하는 사람이 있을지도 모르겠습니다.

물론 할 수 있습니다. 그 방법은, 이를테면 뢸로 삼각형이라면 그 삼각형의 변에 중심이 놓이는 원을 만들어서 변을 따라 움직이면 됩니다(그림 77). 이것도 정폭도형(定幅圖形)입니다. 다른 뢸로 다각형에서도 같은 방식으로 만들 수 있습니다.

그림 76 · 영국의 50펜스 동전

'폭이 같다'는 성질 말고도 뢸로 다각형에는 매우 흥미로운 성질이 있습니다. 뢸로 삼각형의 경우에 그 둘레는 3×정삼각형의 한 변의 길이(폭)×$\dfrac{\pi}{3}$＝폭×π입니다. 이는 원 둘레＝지름(폭)×π라는 공식과 같은 형태입니다. 변의 수를 늘려도 결과는 같습니다. 왜냐하면 둘레는

$$N(변의 수)×한 변의 길이(폭)×\dfrac{\pi}{N}＝폭×\pi$$

가 되기 때문입니다.

또한 뢸로 다각형을 입체로 만들 수도 있습니다. 정폭의 입체도 형입니다. 이를테면 정사면체로 생각해봅시다. 뢸로 삼각형에서 호를 그리는 것처럼 구면의 일부를 그림으로써 폭이 동일한 곡면을 만들 수 있습니다(그림 78).

밤처럼 생긴 귀여운 모양이네요. 폭이 동일한 곡면이 실제로 구면만 있는 것은 아닙니다.

그림 77 ◦ 뢸로 삼각형을 매끄럽게 하다

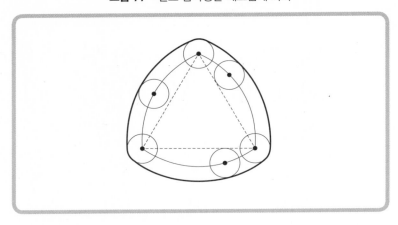

그림 78 ◦ 뢸로 입체도형의 한 예

출처: John Bryant and Chris Sangwin, How round is your circle?:
where engineering and mathematics meet (Princeton University Press, 2008)

작은 것이
큰 것을 삼키다

10월 8일

자유롭게 생각할 수 있는 것이 수학의 묘미라지만….

> **문제** 아래 아홉 개의 점을 모두 한 번씩만 지나도록 하면서
> 한붓그리기로 4개의 직선을 그으시오.
>
> ●   ●   ●
>
> ●   ●   ●
>
> ●   ●   ●

이 문제, 혹시 잘못 쓴 게 아닐까? 4개의 직선으로만 그리라고
한다면, 아무리 봐도 한붓그리기는 할 수 없는데… 어떻게 직선을
그어도 점이 남기 때문이다. 한붓그리기가 아니라면 직선은 3개면
충분하고, 나는 오히려 그 편이 더 좋다고 생각한다.

확신의 함정

수학 문제를 풀 때 자기가 갖고 있는 '확신'이 사고를 가로막는 벽이 되는 경우가 있습니다. 먼저 가볍게 머리를 풀어봅시다.

글머리의 문제는 〈그림 79〉처럼 선을 그으면, 분명히 3개로 충분합니다만….

그림 79 · 3개로 충분한데!

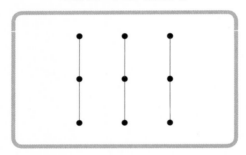

이것은 한붓그리기가 아니지요. 문제는 '연필을 종이에서 떼지 않고 9개의 점을 지나도록 하면서 4개의 선을 그을 수 있다'는 것입니다.

그러면 다음의 방법은 어떨까요?

그림 80 · 한붓그리기를 해보았다!

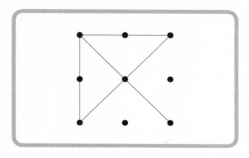

아, 두 점을 빠뜨렸네요.

슬슬 정답을 볼까요? 정답은 〈그림 81〉입니다.

그림 81 · 분명히 직선 4개로 9개의 점을 연결하고 있다

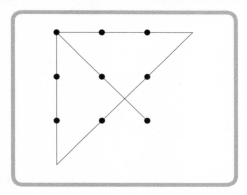

이런, 삐져나와도 되는 것이었네요! '이런 것이라면 처음부터 말을 해줄 것이지' 하는 생각이 드는 답이네요. 그러나 원래 문제는

'9개의 점을 지나도록 4개의 직선으로 한붓그리기를 하시오'라고 말하고 있을 뿐, 삐져나오면 안 된다는 말은 없었습니다.

이 문제를 여러 사람에게 보여주었는데, 뜻밖에도 많은 사람이 고전했습니다. 게다가 빨리 정답을 낸 사람은 수학자가 아니었는데, 대단한 것 같습니다. 저는 몇 개의 선을 그어보고 나서야 겨우 이해했습니다.

하지만 답을 알고 나면, "아니! 이렇게 간단한 것을 왜 몰랐지?" 하는 생각이 들게 만드는 이상한 문제입니다.

이처럼 사고의 맹점을 찌르는 문제는 저도 자주 마주칩니다. 일단 답을 알고 나면 기쁘기도 하지만, 한편으로는 그걸 몰랐던 어리석은 자신이 어처구니가 없기도 하고 부끄럽기도 하지요.

그러면 본 문제를 보겠습니다.

> 정육면체에 구멍을 뚫어 그 구멍으로 주어진 정육면체보다 큰 정육면체를 통과시킬 수 있을까?

이 문제를 제시한 사람은 루퍼트*(그림 82)입니다. 그를 기념하기 위해 이것을 '루퍼트의 정육면체(Prince Rupert's cube)'라고 일컫습니다.

당연한 일이지만, 정육면체는 같은 크기의 다른 정육면체를 통

---

* 라인의 루퍼트 왕자(Prince Rupert of the Rhine, 독일어: Ruprecht Pfalzgraf bei Rhein, 1619-1682): 독일 해군 제독, 과학자. - 옮긴이

과시킬 수 있습니다. 그런데 정육면체
A보다 큰 정육면체 B를 A에 뚫린 구
멍으로 통과시킬 수 있을까요?

그림 82 · 라인의 루퍼트 왕자

그런 일은 일어날 수가 없다고 생각
할지도 모르겠습니다. 그런데 맨홀 뚜
껑을 다룬 앞 절의 이야기에서는 정사
각형의 구멍에 원래의 정사각형보다
큰 정사각형을 통과시킬 수 있었습니
다. 정확하게 말하면 한 변이 $\sqrt{2}$ 배보다 작은 정사각형이라면 통과
할 수 있습니다. 그러므로 루퍼트의 문제에서도 더 큰 정육면체를
통과시킬 수 있을지 모릅니다.

만약 그것이 가능하다면, 대체 어떤 방법으로 구멍을 통과시킬
수 있을까요? 오랜만에 시행착오를 거쳐봅시다.

자신보다 커다란 것을 통과시키려면

먼저 비스듬히 기울여 통과시키면 어떨까요? 〈그림 83〉과 같이
하나의 꼭짓점이 똑바로 정면에서 보이는 방향으로 통과시키면,
구멍이 크게 만들어져서 좋을지도 모르겠네요. 여기에 정육면체의
한 면을 똑바로 끼워 넣으면 어떻게 될까요? 곧, 각 변의 중점을
지나는 단면에 정육면체의 한 면을 완전히 포개지게 하면서 들어
가도록 하는 것입니다.

그림 83 · 정육면체의 꼭짓점 하나를 정면에서 본다

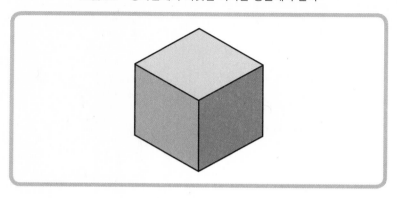

그림 84 · 정육각형인 단면

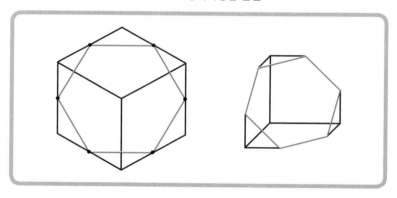

단면은 〈그림 84〉와 같이 정육각형이 됩니다. 단면의 넓이는 넓어지겠네요. 정육면체의 한 변의 길이를 1이라고 하면, 이 정육각형의 한 변의 길이는 $\dfrac{\sqrt{2}}{2} = 0.7071067$……로 1보다 작습니다. 그러니 여기에 들어가는 정사각형 중에서 가장 큰 것을 찾으면 되지 않을까요? 이를테면 〈그림 85〉처럼 말이지요.

그림 85 · 정육각형인 단면에 내접하는 가장 큰 정사각형

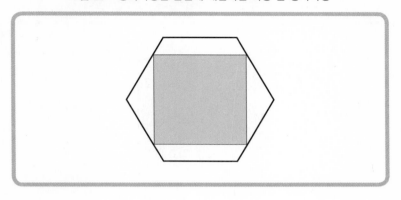

이 정사각형의 한 변의 길이를 계산해봅시다. 그러면 결과는

$$\frac{3\sqrt{2}-\sqrt{6}}{2} = 0.8965754\cdots$$

가 됩니다. 처음에 주어진 정육면체의 한 변의 길이 1보다 작아져 버렸지요. 그림으로 보기에도 약간 작은 것 같습니다. 안타깝네요.

물론, 우리가 루퍼트의 문제를 풀지 못하더라도 전혀 이상한 일은 아닙니다. 훌륭하게 문제를 푼 뉴란드*의 아이디어를 살펴봅시다.

뉴란드는 〈그림 86〉에서 나타낸 바와 같이 먼저 네 변을 1 : 3으로 나누는 4개의 점을 F, A, D, G라고 했습니다. 이와 같은 비율로 점을 잡으면, 사각형 FADG는 정사각형이 됩니다. 이 점이 한 가지

---

* 피터 뉴란드(Peter Newland, 1764-1794): 네덜란드의 수학자. - 옮긴이

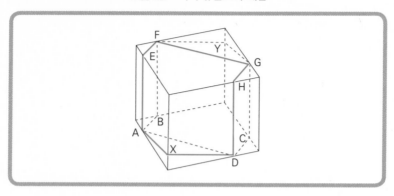

그림 86 · 피터 뉴란드의 해답

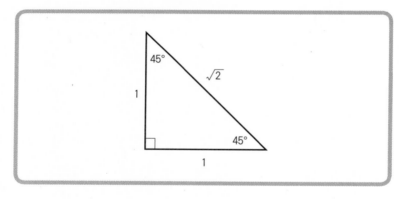

그림 87 · 삼각자

중요한 요소입니다. 사실 정사각형이 되기 위해서는 1 : 3(또는 반대쪽에서 봤을 때 3:1)이 될 수밖에 없습니다.

정사각형 FADG의 한 변의 길이를 계산해 봅시다. 이것이 1보다 크면 정육면체의 구멍에 이 정육면체보다 큰 정육면체를 통과시킬 수 있습니다.

그림 88 · 빗변의 길이를 구한다

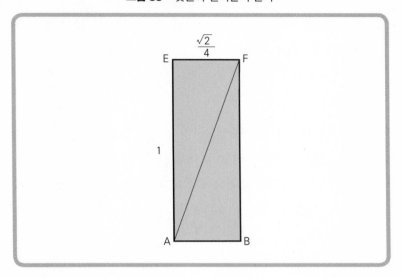

먼저 선분 FG는 삼각자를 생각해보면 간단합니다(그림 87).
짧은 변이 $\dfrac{3}{4}$ 이므로, 빗변 FG는

$$\frac{3}{4} \times \sqrt{2} = \frac{3\sqrt{2}}{4} = 1.0606601\cdots\cdots$$

이 됩니다. 분명히 1보다 크네요.

빗변 FG의 길이는 FA와 일치할까요? 확인하기 위해 〈그림 88〉
을 봐 주십시오. 피타고라스 정리를 사용하면 변 FA는

$$FA = \sqrt{1^2 + \left(\frac{\sqrt{2}}{4}\right)^2} = \frac{\sqrt{18}}{4} = \frac{3\sqrt{2}}{4}$$

가 됩니다. 분명히 변 FG와 일치하네요.

즉, 이 방향으로 통과시키면 원래의 정육면체보다 조금 큰 정육
면체도 통과할 수 있습니다.

█ 작은 것이 큰 것을 삼키다

█ 계산은 정확할 테지만, 정말 통과할 수 있을까요? 시도해봅시다.
먼저, 두 개의 정육면체 모형을 만듭니다(그림 89). 〈그림 90〉은 작
은 정육면체를 점선을 따라 잘라낸 '구멍'입니다. 통과하는 모습은
〈그림 91〉입니다.

확실히 통과했네요.

이 모형은 모눈종이로 만들 수 있으므로 여러분도 꼭 실험해보
시기 바랍니다.

그런데 이 문제를 해결할 때 중요한 것은 무엇일까요? 그것은
'정육면체의 단면을 연구한다'는 관점에서 문제를 다시 파악하는
것입니다. '정육면체를 칼로 싹둑 잘랐을 때, 잘린 단면이 정사각
형이 되는 것은 어떤 경우일까?'를 생각해보면, 문제를 해결할 수
있기 때문입니다. 도형 문제는 감각이 필요하다고 이야기하지만
이론적 사고력을 갈고닦는 것이 훨씬 효과가 있습니다.

그림 89 • 왼쪽이 조금 큰 정육면체, 오른쪽이 점선을 따라 잘라내고 구멍을 만들 정육면체

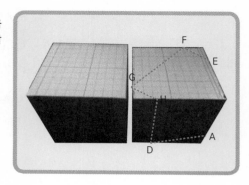

그림 90 • 계산으로 구한 '구멍'

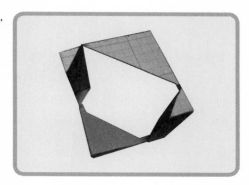

그림 91 • 통과하는 장면

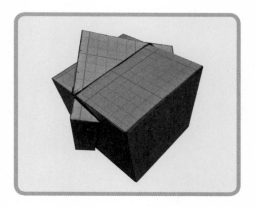

바늘을 돌려 만든 도형은
얼마나 작아질 수 있을까

10월 15일

오늘 문제도 매우 간단하다.

> **문제** 평면 위에 있는 도형으로, 길이가 1인 선분을 연속적
> 으로 180° 회전시킬 수 있다고 생각하자. 이렇게 만든
> 도형 중에서 넓이가 가장 작은 것은 어떤 모양일까?

바로 정답이 떠올랐다. 지름이 1인 원이다.

그림 92 · 지름이 1인 원

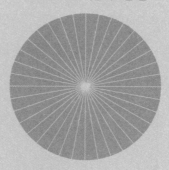

원의 반지름은 0.5이므로 넓이는

0.5 × 0.5 × π = 0.25π = 0.785398······이 된다. 이걸로 끝이다.

바늘이 회전할 수 있는 도형

이 문제는 도호쿠 대학 수학과 조교수였던 가케야 소우이치(掛谷宗一, 1886-1947)가 1916년 무렵에 낸 것입니다.

분명히 선의 한가운데를 중심으로 하여 한 바퀴 회전시키면 원이 됩니다. 넓이는 $0.5 \times 0.5 \times \pi = 0.25\pi = 0.785398\cdots$로 앞서 계산한 것과 일치합니다.

그러나 이것이 최솟값이라면 일부러 문제로 내지는 않겠지요. 더 작은 도형도 생각할 수 있습니다.

이를테면 둥글지 않은 맨홀 이야기에서 나온 '뢸로 삼각형(그림 93)'은 어떨까요? 뢸로 삼각형은 폭이 일정하므로 선분을 움직일 수 있을 것입니다.

폭이 1인 뢸로 삼각형의 넓이는 다음과 같이 계산할 수 있습니다. 먼저 〈그림 94〉와 같이 세 개의 부채꼴 넓이를 더해(부채꼴 세

그림 93 · 뢸로 삼각형

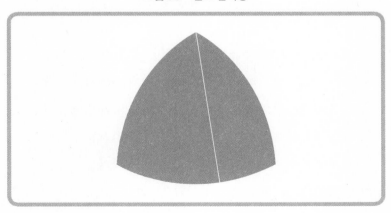

그림 94 · 뢸로 삼각형의 넓이 계산

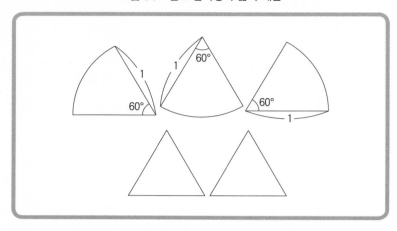

개의 넓이는, 부채꼴 하나의 중심각의 크기가 $60°$이므로 세 개는 $180°$로 정확히 반원의 넓이가 되어 $\frac{\pi}{2}$), 중복되는 정삼각형 두 개의 넓이($2 \times \frac{\sqrt{3}}{4}$ $= \frac{\sqrt{3}}{2}$)를 빼면 $\frac{\pi}{2} - \frac{\sqrt{3}}{2} = 0.704770\cdots$이 됨을 알 수 있습니다.

이전의 원의 넓이는 $0.25\pi = 0.785398\cdots$이었으므로 조금 더 작아졌네요. 가케야도 처음에는 뢸로 삼각형이 정답이라고 생각했습니다.

그런데 조금 더 작아질 수는 없을까요?

이를테면 뢸로 삼각형이 아니라, 도리어 정삼각형으로 하면 어떨까요? 길이가 1인 선분을 움직이기 위해서는 가장 좁은 곳의 폭이 정확히 1이 되도록 하면 조건을 만족할 것입니다.

〈그림 95〉는 높이 1인 정삼각형입니다. 삼각자를 떠올려 보면 높이가 정확히 1이 되는 정삼각형의 한 변의 길이는 $\frac{2}{\sqrt{3}}$인 것을

그림 95 · 높이가 1인 정삼각형

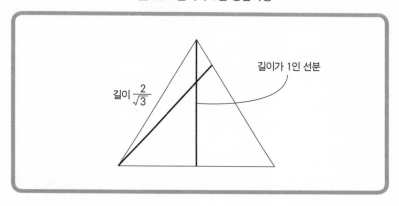

길이 $\dfrac{2}{\sqrt{3}}$

길이가 1인 선분

그림 96 · 넓이가 더욱 작은 자취(델토이드)

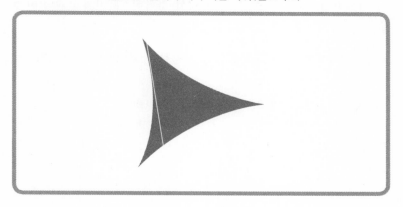

알 수 있습니다. 그러므로 이 정삼각형의 넓이는

$$\frac{2}{\sqrt{3}} \times 1 \div 2 = \frac{1}{\sqrt{3}} = 0.5773502\cdots\cdots$$

가 됩니다. 뢸로 삼각형보다 넓이가 훨씬 작아지네요. 제대로 되었습니다.

그런데 〈그림 96〉과 같은 도형이 있네요.

배가 고파서 홀쭉해진 삼각형과 같은 이 도형을 델토이드(deltoid)라고 합니다. 뢸로 삼각형의 볼록한 부분을 뒤집어서 오목하게 만든 삼각형입니다. 원 안쪽에서 그 원보다 작은 원이 둥글게 한 바퀴 회전했을 때, 작은 원 위의 한 점이 그리는 자취로 만들어집니다(그림 97). 이 경우에 큰 원과 작은 원의 반지름의 비는 3:1입니다.

원 둘레의 길이는 $2\pi \times$ (반지름의 길이)이므로, 둘레의 비도 3:1이 됩니다. 이때 작은 원이 큰 원의 안쪽에서 큰 원과 접하면서 회전하면, 작은 원은 큰 원 안에서 정확히 세 바퀴를 회전하게 됩니다.

정삼각형과 델토이드가 뢸로 삼각형보다 넓이가 작은 도형인 것

그림 97 · 델토이드=원 사이클로이드

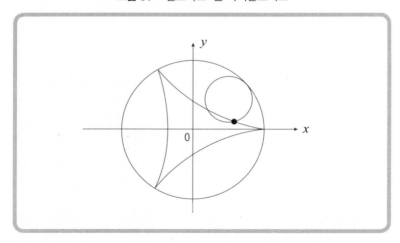

을 지적한 사람은 가케야의 친구인 후지와라,* 구보타**입니다. 이 사실은 가케야의 연구 노트에 남아 있습니다.

'현재 구보타와 후지와라 두 사람의 지적에 따르면, 첫 번째 그림으로 제시된 예에는 오류가 있음이 발견되었다. 곧, 높이가 *l*인 정삼각형 쪽이 넓이가 더 작아지는 회전 영역이 됨을 지적했다. 게다가 구보타는 넓이가 더 작아지기는 하지만 볼록하지 않은 예를 제시했다.'***

구보타가 델토이드를 예로 제시한 경위가 나타납니다. 상세히 계산해보면 델토이드의 넓이는 $\frac{\pi}{8}=0.392699\cdots\cdots$가 됩니다.**** 당시, 많은 수학자가 가케야 문제의 해답이 델토이드와 다르지 않다고 예상했습니다.

....
* 후지와라 마츠사부로(藤原松三郎, 1881-1946): 일본의 수학자. – 옮긴이
** 구보타 타다히코(窪田忠彦, 1885-1952): 일본의 수학자. – 옮긴이
*** 가케야(掛谷) 문제와 관련해서는, 아라이 히토시(新井仁之) '르베그 적분(Lebesgue integral)과 넓이가 0인 불가사의한 도형들' 수학통신 제7권 제3호, 2002년 11월(일본수학회)를 참고했습니다.
**** 델토이드는 작은 원(회전하는 원)의 반지름의 길이를 *a*로 놓고 식으로 표현하면 $x=2a\cos\theta+a\cos2\theta,\, y=2a\sin\theta-a\sin2\theta\ (0\leq\theta\leq 2\pi)$라고 쓸 수 있습니다. 이 델토이드로 둘러싸인 부분의 넓이는 적분을 사용하면 $2\pi a^2$이 되는 것을 알 수 있습니다. 여기서 델토이드의 가장 좁은 곳은 정확히 $4a$가 되고, 이는 1이므로 $a=\frac{1}{4}$, 이를 $2\pi a^2$에 대입하면 $\frac{\pi}{8}$가 됩니다.

놀라운 정답

그러나 델토이드가 가장 작다면 '델토이드보다 더 작아질 수 없는 까닭'이 있겠지만, 그 까닭은 아직 발견되지 않았습니다. 더욱이 넓이가 작아지도록 움직이는 방법이 달리 있을지도 모르겠네요.

이 문제를 최종적으로 해결한 사람은 베시코비치*라는 수학자입니다. 베시코비치의 결과는 다음과 같습니다.

> **정리**(베시코비치 1927)
> 평면 위의 도형에서, 길이가 1인 선분을 연속적으로 180° 회전시키는 것을 생각해보자. 이러한 도형 중에서 얼마든지 넓이가 작은 것이 존재한다.

실은 '넓이를 얼마든지 작게(0에 가깝게) 만들 수 있다'는 것입니다!

본래 베시코비치가 제시한 증명은 조금 복잡하므로, 여기서는 독일의 수학자 페론**의 아이디어를 따라 직관적으로 설명하겠습니다.

먼저, 다음의 성질에 주목해봅시다.

---

* 아브람 사모일로비치 베시코비치(Абрáм Самóйлович Безикóвич, 1891-1970): 러시아의 수학자. 주로 영국에서 활동함. – 옮긴이
** 오스카 페론(Oskar Perron, 1880-1975): 독일의 수학자. 디리클레(Dirichlet) 문제를 해결한 페론의 방법을 포함해 미분방정식과 편미분방정식에 이바지함. – 옮긴이

그림 98 · 바늘을 이동시킴

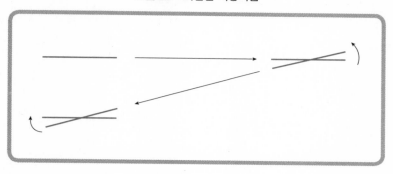

(바늘의 이동에 관한 성질) 바늘을 하나의 선 위에서 다른 선 위로 이동할 때, 바늘이 움직이는 범위를 얼마든지 작게 할 수 있다(그림 98).

첫 번째 요점은 '바늘을 세로로(바늘을 찌르는 방향으로) 움직이더라도 넓이는 전혀 늘어나지 않는다'는 것입니다. 직선의 넓이는 영(0)이기 때문입니다. 두 번째 요점은 '바늘을 세로로 멀리까지 움직이면, 바늘의 각도를 아주 조금 바꾸는 것만으로 또 하나의 선으로 옮길 수 있다'는 것입니다.

두 번째 요점이 어떤 취지인가 하면, 이를테면 카메라로 멀리 있는 것을 촬영할 때 손을 아주 조금만 움직여도 피사체가 렌즈에서 벗어나버리지요. 이와 같은 이치로, 대상물로부터 떨어지면 떨어질수록 손의 아주 작은 움직임이 매우 크게 어긋나도록 만들어버립니다. 이 성질을 역으로 이용하는 것입니다.

이제 높이가 1인 정삼각형을 준비합니다. 앞서 보았듯이 정삼각

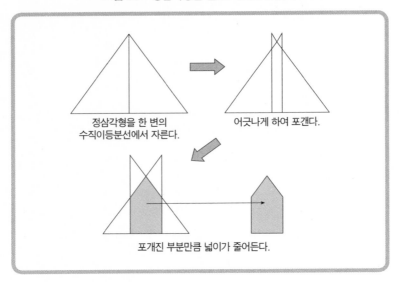

그림 99 · 정삼각형을 둘로 자르고 포갠다

정삼각형을 한 변의
수직이등분선에서 자른다.

어긋나게 하여 포갠다.

포개진 부분만큼 넓이가 줄어든다.

형 안에서는 길이가 1인 바늘을 180도 회전시킬 수 있었습니다. 이 정삼각형을 한 변의 수직이등분선에서 잘라 두 개의 삼각형으로 만듭니다. 이 두 삼각형을 〈그림 99〉와 같이 포개어봅시다.

두 삼각형을 포개면 포개진 부분만큼 넓이가 줄어듭니다. 이 부분이 중요합니다. 안에서 바늘을 빙 돌려 회전시킬 수는 없지만, '바늘의 이동에 관한 성질'을 이용해 〈그림 100〉과 같이 하면 됩니다.

〈그림 100〉에서 보인 조작을 더욱 세밀하게 해보면 어떻게 될까요? 이번에는 원래의 큰 삼각형을 8개로 자르고, 맨 처음에 했던 것처럼 두 개씩 포개어봅니다. 그러면 2개의 가시가 있는 도형이

4개 만들어집니다. 다시 서로 이웃하는 2개를 짝으로 해 4개를 같은 방식으로 포개고, 완성된 2개의 뾰족뾰족한 도형을 마찬가지로 포개면 8개의 가시가 있는 도형이 만들어집니다.

정삼각형을 더욱 잘게(8, 16, 32, 64, ……개로) 잘라 같은 조작을 되풀이하면 도형의 넓이가 점점 작아지게 됩니다.* 이와 같이 해서 만든 나무처럼 생긴 도형을 '페론의 나무(Perron's Tree)'라고 합니다(그림 101).

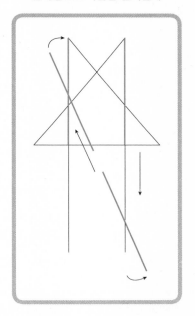

그림 100 · 삼각형에서 다른 삼각형으로 바늘을 움직인다

여기서 앞서 기술한 '바늘의 이동에 관한 성질'을 적용해 각각의 삼각형 안에서 바늘을 움직입니다. 그러면 결국 바늘은 정삼각형의 꼭지각의 크기, 곧 $60°$를 움직일 수 있습니다. 이를 세 개의 변에 대하여 실행해보면 $180°$를 회전시킬 수 있다는 것입니다. 좋은 아이디어입니다.

....

* 삼각형을 포갤 때 a만큼 포개어 밑변의 길이가 $(1-a)$배가 되게 하면, 원래 삼각형의 넓이를 $|T|$라고 할 때, 조금 번거로운 계산을 거쳐 k 단계째 도형의 넓이 $|S_k|$가 $|S_k| \leq (a^{2k}+2(1-a))|T|$가 되는 것을 알 수 있습니다. a를 1에 가깝게 하고 단계 k를 크게 하면, 우변을 얼마든지 작은 값으로 조정할 수 있습니다.

그림 101 · 페론의 나무를 만드는 방법

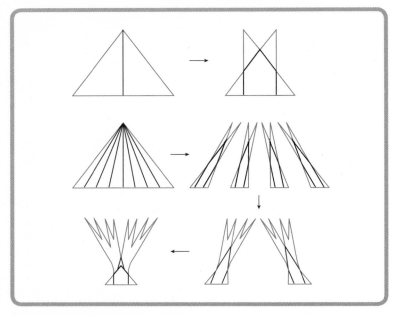

출처: K. J. 팔코너(Falconer), 《프랙털 집합의 기하학》.

가케야 문제는 언뜻 보면 그냥 재미있는 퍼즐처럼 보입니다. 그러나 이렇게 만들어진 도형은 나중에 실해석학과 편미분방정식과 같은 해석학의 가장 깊이 있는 문제에서 응용될 정도로 중요한 것이 되었습니다. 가케야 소우이치의 작은 의문에서 시작한 바늘의 회전 문제는 현대 수학에도 큰 영향을 끼치고 있는 것입니다.

그냥 지나쳐버릴 수 있는 문제들 중에서도 실제로 깊은 의미가 숨어 있는, 아주 뛰어난 예라고 생각합니다.

부피는 유한인데
겉넓이는 무한이라고

12월 7일

오늘의 문제는 도저히 이해가 되지 않는다. 정답이 있을 리가 없다는
생각이 든다.

> **문제** 담을 수 있는 물의 양은 유한한데도, 지구에 있는 모든
> 유리를 다 모아도 만들 수 없는 컵이 있다. 그것을 어떻
> 게 만들 것인가?

'지구에 있는 모든 유리를 다 모아도
만들 수 없다'는 것은 겉넓이가 한없이
크다는 것, 곧 무한히 넓다는 것이겠지.
그러면 당연히 부피도 무한대가 될 텐데….

부피는 유한한데 겉넓이는 무한하다고?

확실히 색다른 문제네요. 물론 이것을 직접 만들어보라는 것은 아닙니다. 흔히 말하는 사고 실험입니다. '부피는 유한한데 겉넓이가 무한이 되는 도형을 이론상으로 어떻게 만들 수 있을까?'라고 바꾸어 말할 수 있을 겁니다.

자, 그럼 무언가를 넣을 수 있는 그릇을 만든다고 합시다. 이를테면 컵을 상상해보지요.

컵이라고 말하면, 사용하는 쪽에서는 '어느 정도 양의 물이 들어갈까?'라는 점에 관심이 있지 않을까요? 반면에 컵을 만드는 쪽에서는, '컵을 만드는 데 재료가 얼마나 필요할까'라는 데 더 많은 신경이 쓰일 것입니다.

이상적인 이야기로 들어가서 컵의 두께가 한없이 얇다고 생각합시다. 그러면 컵에 얇은 뚜껑을 덮었을 때의 부피는 거의 컵의 들이(용량)가 될 것입니다. 그리고 '컵의 겉넓이가 컵을 만드는 재료(유리)의 양을 거의 결정한다'고 할 수 있습니다.

이 점을 염두에 두고 글머리의 문제로 돌아가겠습니다. 부을 수 있는 물의 양은 유한하지만, 지구에 있는 모든 유리를 다 모아도 만들 수 없는 컵이 있다. 그것을 어떻게 만들까요?

어디까지나 수학적으로 어떤 도형이 될 것인지 생각해봅시다.

먼저 반비례 함수 $y = \dfrac{1}{x}$의 그래프를 생각합니다(그림 102). 그래프를 보면 $x = 0$에 가까워지면 매우 커지므로 적당한 곳에서 자릅니다. 이를테면 $x = 1$에서 잘라봅시다. 그러면 매우 가늘고 긴(무한

그림 102 · 반비례 그래프

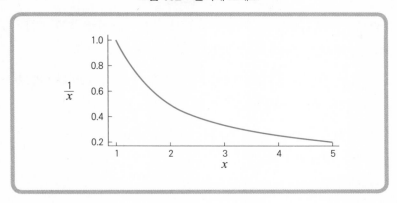

그림 103 · 토리첼리 트럼펫

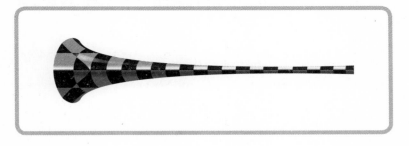

히 긴) 곡선이 만들어집니다. 〈그림 102〉의 그래프에서는 적당한 범위까지만 그려져 있으나, 이론적으로는 꼬리 모양으로 무한히 길게 뻗어 있습니다.

이 그래프를 x축을 회전축으로 하여 한 바퀴 돌려봅시다. 그 결과는 〈그림 103〉과 같은 모양이 될 것입니다.

무한히 긴, 그런 도형입니다. 이제 보니 컵이라기보다 트럼펫처

럼 보이네요. 이 도형은 발견한 사람의 이름을 붙여서 '토리첼리*
트럼펫'이라고 합니다. '부피는 유한하지만, 겉넓이는 무한'이라는
것이 실감되나요? 조금 어려울지도 모르겠네요.

먼저 부피부터 생각해봅시다. 트럼펫을 세우고 넓은 입구에 물
을 찰랑찰랑하도록 따릅니다. 이때 물은 어느 정도 들어갈까요?

부피를 구하다

부피를 계산하기 위해서는 트럼펫의 단면을 회전축(x축)에 수직
인 평면으로 얇게 자르면 편합니다. 근사적으로 〈그림 104〉와 같
이 생각해도 됩니다.

그림 104 · 트럼펫의 단면을 직사각형 모양의 띠로 근사시킴

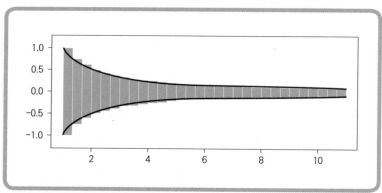

* 에반젤리스타 토리첼리(Evangelista Torricelli, 1608-1647): 이탈리아의 수학자, 물리
학자. 물리학에서는 투사물체(投射物體)와 유체에 관해 연구함. 특히 진공에 관한 실험으
로 유명함. - 옮긴이

그림 105 · 더 좁게!

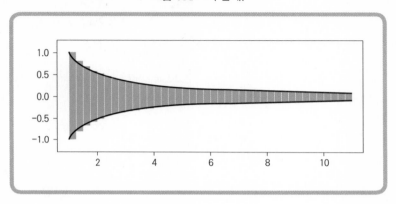

폭이 좁은 직사각형 모양의 띠를 무한히 늘어놓은 것과 같은 그림입니다. 이를 회전시키면 얇은 원판이 수없이 만들어집니다.

나아가 〈그림 105〉와 같이 띠를 점점 좁게 만듭니다.

띠를 더욱 좁게 만들고 나서 한 바퀴 돌리면, 얇은 원판의 집합이 됩니다. 이제 원판의 부피를 모두 더하면 토리첼리 트럼펫의 부피에 매우 가까워지겠지요. 띠를 한없이 좁게 자르고 원판을 만들어서 부피의 합을 구하면, 부피를 정확히 계산할 수 있습니다.

구하는 방법을 알았으니, 실제로 계산해봅시다.

먼저 트럼펫의 길이를 $L-1$이라 하고서 x가 1부터 L까지일 때의 트럼펫의 부피를 계산해보지요. L의 값을 크게 하면서 그래프를 그리면 〈그림 106〉과 같습니다.

트럼펫이 무한히 길므로 L을 점점 크게 해봅시다. L이 커질수록 부피가 늘어나는 정도는 줄어드네요. 아무리 가도 일정한 값을 넘

그림 106 · 1에서 L까지의 트럼펫의 부피

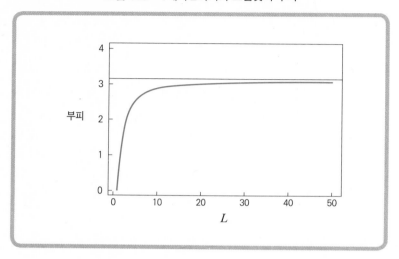

지 않습니다. 상세한 계산에 따르면 무한히 긴 토리첼리 트럼펫의 부피는 최종적으로 π가 되는 것을 알 수 있습니다.

겉넓이는 정말로 무한일까?

다음으로 겉넓이를 살펴봅시다. 겉넓이를 구할 때에는 좀 더 주의 깊게 회전축에 수직인 두 단면 사이의 입체를 근사시킵니다.

x부터 Δx의 두께로 얇게 잘랐을 때 생긴 입체는 〈그림 107〉과 같이 거의 원뿔대(원뿔의 뾰족한 부분을 싹둑 잘라버린 형태)가 되겠지요.

근사시킨 것이기는 하지만 두께 Δx를 아주 작게 해가면서 이 원

그림 107 · 토리첼리 트럼펫을 Δx의 두께로 얇게 자른 경우

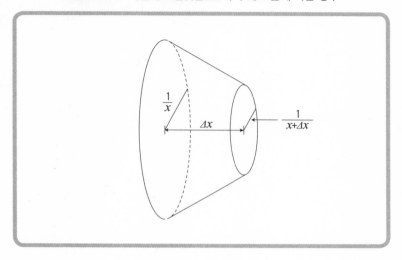

뿔대의 겉넓이를 더해간다면 토리첼리 트럼펫의 겉넓이를 계산할 수 있을 것입니다.

이 방법으로 x가 1에서 L까지일 때의 겉넓이를 계산한 결과는 〈그림 108〉과 같습니다. 이번에는 부피일 때보다 늘어나는 것이 빠르게 진행되고 있습니다. 그렇지만 정말 겉넓이가 무한히 커지는지, 이것만 보아서는 잘 모르겠네요.

그래서 트럼펫의 겉넓이를 구하는 방법을 좀 더 자세히 풀어서 생각해 보겠습니다. 트럼펫의 겉넓이는 〈그림 109〉의 위쪽에 있는 그림과 같이 반지름이 y인 원둘레($2\pi y$)와 원뿔대의 모선(빗금)의 길이를 곱한 것을 더하면 매우 근사적으로 구할 수 있습니다.

모선의 길이는 Δx보다 깁니다. 그렇다는 것은 트럼펫의 겉넓이

그림 108 · 트럼펫의 겉넓이

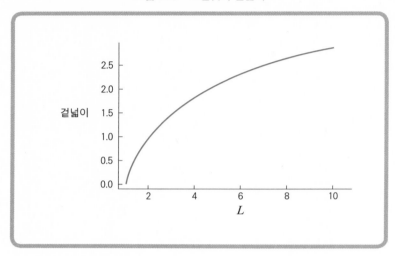

그림 109 · 겉넓이를 '아래부터' 살펴봄

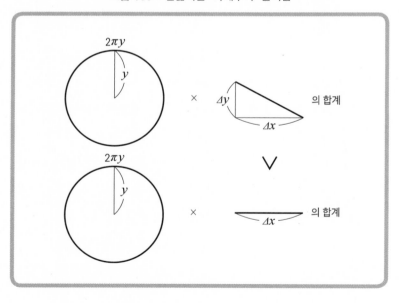

그림 110 · 트럼펫의 겉넓이는, 파란색 부분의 넓이 × 2π 이상

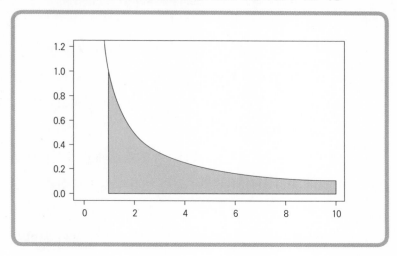

는 '원둘레($2\pi y$)와 Δx를 곱한 것들을 더한 것'보다 커진다는 말입니다. 곧, 트럼펫의 겉넓이는 '$2\pi y \times \Delta x$의 합보다 크다'는 것이네요.

여기서 $2\pi y \times \Delta x$의 합은 무엇일까요?

그것은 $2\pi \times y\Delta x$라 썼을 때 Δx를 아주 작게 하면, 반비례 그래프 아래쪽의 넓이에 2π를 곱한 것임을 알 수 있습니다(그림 110).

반비례 함수의 넓이는 얼마든지 커질 수 있습니다. 1부터 L까지의 넓이는 수식을 좋아하는 사람들을 위해 써보면,

$$\log L$$

이라고 쓸 수 있습니다. 여기서 $\log$라는 것은, 대략적으로 말하면

L의 자릿수에 비례해 늘어나는 함수이므로 L을 무한히 크게 하면 $\log L$도 무한히 커집니다.

설령 트럼펫의 길이 ($L-1$)이 유한이라고 하더라도 L을 크게 하면, 부피가 일정한 값에 가까워지는 것과 상관없이 겉넓이가 점점 커지게 됩니다. 겉넓이가 무한히 커지면, 곧 재료가 얼마나 있든지 간에 부족하게 될 거라는 느낌이 전해지나요?*

여기서는 '무한히 긴 트럼펫'이라는 가공의 문제를 생각해보았습니다. 그러나 이러한 문제는 실제 물리 현상의 성질과 관련이 있습니다. 이를테면 한반도의 넓이는 유한합니다. 그러나 지도에서 해안선(특히 서해와 남해) 길이는 언뜻 보기에 유한한 듯이 보이지만, 실제로는 매우 복잡해 자세히 살펴보면 점점 길어져서 종국에는 무한대가 되는 현상이 일어납니다. 넓이나 부피의 문제는 아니지만 '유한한 세계 안에 무한이 스며들어 있다'는 의미에서 트럼펫의 예와 같다고 말할 수 있겠지요. 비슷한 예는 실제로 그 밖에도 많이 있습니다.

'무한'은 단순히 공상의 산물이 아니라 우리 주변에 넘쳐나고 있습니다.

....

* 반대로 겉넓이는 유한하지만 부피가 무한이 되는 예로는 시소이드(cissoid, 질주선)라는 곡선을 회전시킨 것을 들 수 있습니다(이를테면 줄리안 하빌(Julian Havil)의 '반직관의 수학 퍼즐'에 쓰여 있습니다).

지도를 4색만으로 구분할 수 있다니

12월 17일

수학 문제를 풀 때는 손을 움직여보는 것이 중요하다.

> **문제** 지도 위에 이웃하는 나라들을 다른 색으로 칠하면서 구분해간다. 이때 몇 가지 색이면 충분할까?*

이 문제를 풀기 위해, 실제로 여러 가지 백지도에 색을 칠하면서 나누어보았다. 결론부터 말하자면, 정답은 5가지 색이다. 여러 가지로 시도해보았지만, 가장 복잡한 미국의 지도조차 5가지 색만 있으면 구분하여 색을 칠할 수 있다. 실제로 색을 칠해본 것이므로 틀림없다.

* 더 정확하게는 '지도에서 국경을 공유하는 나라를 다른 색으로 칠한다면 몇 가지 색이 필요할까? 한 점에서만 만나고 있는 두 나라 또는 전혀 만나지 않는 두 나라는 같은 색으로 칠해도 괜찮다'고 해야겠지요. 여기서는 복잡한 표현을 피하기 위해, 일부러 단순한 표현을 사용하고 있습니다.

다섯 가지 색깔이 가장 적은 가짓수일까?

저도 대학생일 때 이 문제를 알게 되어 확인해본 적이 있습니다. 실제로는 '몇 가지 색이 있으면 충분하다'라는 명제를 푸는 것이었습니다. 색칠은 노력이 많이 들기 때문에 '각 나라에 번호를 매기되 이웃하는 나라가 같은 번호가 되지 않도록 한다'라는 방법으로 시험해보았습니다. 막상 해보니 어느 정도까지는 잘되다가도 어딘가에서 한 가지가 더 필요한 경우가 생겼고, 그런 경우에는 조금 앞으로 되돌아가서 번호를 다시 매겨야 했습니다.

꽤 끈기가 필요한 작업이었는데 거의 하루 종일 여러 가지 지도에 번호를 매기고 나자, 확실히 어떤 지도든지 명제에서 요구하는 가짓수 색칠로 구분할 수 있다고 이해가 되었습니다. 도중에 반례가 생긴 것 같은 때도 있었지만, 종국에는 그와 같은 구분이 가능하다는 것을 알았습니다.

그러면 이제 슬슬 정답을 알아볼까요?

이 문제는 영국의 수학자 드모르간*의 학생이었던 거스리**의 질문에서 실마리를 찾을 수 있습니다. 원래의 질문은 '지도에서 이웃하는 나라들을 다른 색으로 칠하여 구분할 때, 네 가지 색으로 충분합니까?'라는 것이었습니다. 맞습니다. 정답은 네 가지 색입니다. '최소 네 가지 색'이라는 것이 포인트입니다.

---

* 오거스터스 드모르간(Augustus De Morgan, 1806-1871): 기호논리학을 완성한 영국의 수학자. - 옮긴이

** 프레드릭 거스리(Frederick Guthrie, 1833 - 1886): 영국의 과학 전문 작가. - 옮긴이

그림 111 · 4색이 필요한 지도의 예

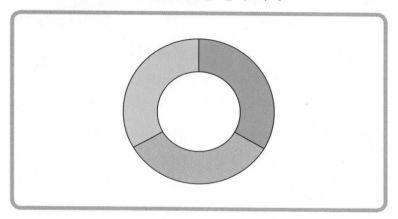

이 질문에 대해서 1852년 10월 23일, 드모르간은 저명한 수학자 해밀턴***에게 편지를 써 '제가 볼 땐 옳은 것 같은데, 선생님께서는 어떻게 생각하십니까?'라고 물었습니다. 이 문제는 현재 '4색 문제'로 널리 알려져 있습니다.

실제로 색을 칠해 어떻게 구분되는지 살펴봅시다. 색칠 구분에 네 가지 색이 필요한 예는 간단히 만들 수 있습니다. 〈그림 111〉과 같은 단순한 그림에서도 반드시 네 가지 색이 필요합니다.

그러면 좀 더 복잡한 지도는 어떨까요? 〈그림 112〉는 미국의 주를 색칠하여 구분한 예입니다. 여기에서도 네 가지 색으로 충분합니다. 〈그림 111〉과 같은 간단한 예는 그렇다 하더라도, 복잡하면

***윌리엄 R. 해밀턴(William Rowan Hamilton, 1805-1865): 영국의 수학자. 벡터해석의 기초를 세움. – 옮긴이

복잡할수록 많은 색이 필요할 것 같은데, 주의 깊게 색칠해 나누어 보면 네 가지 색으로 충분합니다. 도대체 어떻게 된 일일까요?

수학자가 밤낮으로 매달리는 일은 정리를 증명하는 것입니다. 사실, 네 가지 색이 아니라 다섯 가지 색으로 충분하다는 것을 증명하는 일은 그리 어렵지 않습니다(그렇다고 이 지면에서 설명할 수 있을 만큼 간단하지는 않습니다). 어려운 것은 네 가지 색으로도 충분하다는 증명입니다. 아무리 많은 사례를 모은다 해도 그것만으로는 정리가 올바르다는 것을 증명했다고 볼 수 없습니다. 그것이 '다섯 가지 이상의 색을 필요로 하는 지도가 존재하지 않는 것'을 의미하지는 않기 때문입니다. 이것이 수학의 엄격하지만 재미있는 부분이라고 생각합니다.

그림 112 • 미국의 주를 네 가지 색으로 칠하여 구분한 예

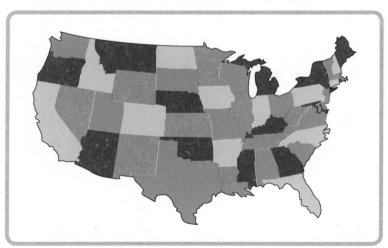

평면에서 구면으로

4색 문제가 제기되고 난 뒤, 많은 수학자가 이것의 증명에 도전했지만 좀처럼 해결되지 않았습니다. 많은 수학자들이 시험해본 아이디어는 다음과 같습니다.

먼저 '평면에 그려진 지도를 색칠하여 구분하는 문제는 구면 위에 그려진 지도를 색칠해 구분하는 문제와 같다'는 것에 주목합니다. 〈그림 113〉을 봐주십시오.

구면을 지구로 가정했을 때, 북극점과 평면 위의 점을 연결하는 직선을 긋고, 이것이 구면과 만나는 점(북극점 이외의 점)과 평면 위의 점을 대응시킵니다. 그러면 평면 위에 그려져 있던 지도가 구면 위에 나타나게 됩니다. 이렇게 하면 땅덩어리의 바깥쪽(세계지도라

그림 113 · 평면을 구면에 투영시킴

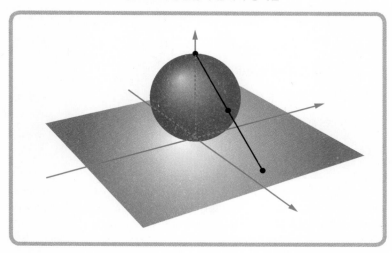

면 바다 부분)도 하나의 나라처럼 다룰 수 있습니다. 수학에서는 이 처럼 되도록 예외가 되는 경우가 없게끔 문제를 단순화하여 생각 하는 경우가 많이 있습니다.

이런 생각을 바탕으로 하면 4색 문제는 다음과 같이 바꾸어 쓸 수 있습니다.

> 네 가지 색이 있다면 구면 위에 그려진 어떠한 지도라도, 이웃하는 나라 들을 다른 색으로 칠하여 구분할 수 있을까?

다음과 같이 하면, 문제를 더욱 일반화할 수 있습니다.

'구면이 아닌 곡면 위에 지도를 그리고, 그 지도에 색을 칠해 구 분한다'는 문제로 생각하는 것입니다.

수학에서는 곡면을 분류할 때, 구멍의 숫자에 주목합니다. 구멍 의 수를 종수(種數, genus)*라고 합니다. 〈그림 114〉는 각각 종수가 2와 3인 곡면의 예입니다. 이번에 4색 문제로 증명하고자 하는 것 은 구면이므로 종수는 영(0)이 됩니다.

히우드**는 종수가 g일 때, 그 곡면 위에 그려진 지도를 색칠해 구분하는 것은

....

* 종수(genus)는 곡면 자체를 뚫어서 만든 것이 아니고, 3차원 공간에 곡면이 들어가면서 만든 것을 말함. 이와 달리 곡면을 직접 뚫는 것은 구멍(hole)이라고 함. 구면에다가 구멍 을 하나 뚫으면(예를 들어 북극) 위상수학적으로 평면과 같음. - 옮긴이
** 퍼시 J. 히우드(Percy John Heawood, 1861-1955): 영국의 수학자. - 옮긴이

그림 114 · 종수가 2와 3인 곡면

$$H(g) = \left\lceil \frac{7+\sqrt{1+48g}}{2} \right\rceil$$

가짓수의 색이면 충분하다고 예상했습니다.*** 그 후 1968년에 링겔과 영스****는 종수(g)가 1이상일 때에 성립한다는 것을 증명했습니다. 원래의 4색 문제는 g＝0일 때이지만, 아직 거기까지는 증명할 수 없었습니다. 이해하기 쉽게 〈표 7〉에서 정리해봅시다.

표 7 · 종수 g와 색칠 구분에 필요한 최소 색깔 수

g	1	2	3	4	5	6	7	8	9	10
$H(g)$	7	8	9	10	11	12	12	13	13	14

....

*** 여기서 [x]라는 기호는 가우스 기호라는 것으로, x를 넘지 않는 가장 큰 정수를 나타냅니다.
**** 게르하르트 링겔(Gerhard Ringel, 1919-2008): 오스트리아의 수학자. 미국에서 활동함. 존 W. 시어도어 영스(John William Theodore Youngs, 1910-1970): 인도의 수학자, 미국에서 활동함. Ted Youngs로도 불림. – 옮긴이

이를테면 종수가 1일 경우(이것을 토러스(torus)라고 합니다)에는 7가지 색이 필요한 예를 구성할 수 있습니다.

먼저 〈그림 115〉와 같이, 부드러운 고무 재질의 지도를 생각합니다. 번호가 같은 곳은 같은 색입니다. 이것을 〈그림 116〉과 같이 둥글게 말아, 토러스 모양의 지도로 만듭니다. 이것이 7가지 색이 필요한 지도의 예입니다. 지도에 색을 칠해 구분하는 데에 사용되는 색의 수는 곡면의 성질에 따라 달라집니다.

그림 115 · 둥글게 말기 전의 지도

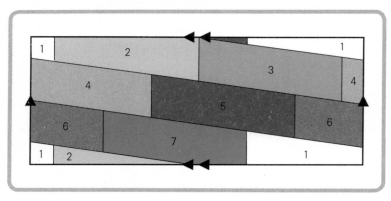

그림 116 · 고무를 둥글게 말아 토러스로 만듦

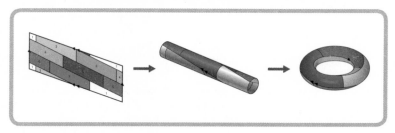

종수가 1인 경우는 이런 식으로 되는데, 종수가 0일 때는 안타깝게도 이러한 방식으로 잘 되지 않았습니다. 가장 탐나는 정리가 가장 어렵다는 것은 얄궂은 말이지만, 수학에서는 이러한 상황이 꽤 있습니다.

적절하지 못한 증명?

사실 4색 문제는 전혀 생각하지 못했던 방법으로 해결되었습니다.

먼저 헤슈*는 4색 문제를 8,900종류의 배치를 고찰하는 것으로 환원하는 데에 성공했습니다(194쪽 상자 참조). 이는 극적인 진보였습니다. 4색 문제가 '유한'의 문제로 환원되었기 때문입니다. 이 8,900종류의 배치를 끈기 있게 조사하면 4색 문제가 증명될 수 있을 것입니다.

다음으로 1976년 일리노이 대학의 아펠**과 하켄***은 손으로 계산해 조사해야 하는 배치를 2,000종류 정도까지 줄이는 데에 성공했습니다. 그에 더해 1,200시간(24시간 가동할 경우 50일 분) 정도의 시간을 들여 컴퓨터로 모든 경우를 확인했습니다.

그 결과, 4색 문제를 완전히 해결하는 데 성공했습니다. 1852년부터 124년의 세월이 지나고 나서 4색 문제는 마침내 해결되었습니다.

....

* 하인리히 헤슈(Heinrich Heesch, 1906-1995): 독일의 수학자. – 옮긴이
** 케네스 아펠(Kenneth Appel, 1932-2013): 미국의 수학자. – 옮긴이
*** 볼프강 하켄(Wolfgang Haken, 1928-): 독일의 수학자. – 옮긴이

4색 문제와 관련해 혁명적인 사건은 바로 수학 증명에서 컴퓨터가 '본질적으로' 사용되었다는 것입니다.

아펠과 하켄이 컴퓨터를 사용해 '증명'한 일은 수학계에 커다란 논쟁을 불러일으켰습니다. 이 잡듯 뒤지는(주어진 사항들을 하나도 남김없이 모두 밝히는) 논증을 상당히 억지스러운 방법이라고 여겨, 정리가 올바르다는 것을 사람들이 이해하는 데에 도움이 되지 않는다고 생각했기 때문입니다. 수학자들은 컴퓨터를 사용한 증명에 분개했지만 받아들였습니다. 그들은 탄식을 쏟아냈습니다.

"이 프로그램은 각각의 경우를 분석한 절차가 제대로 종료되었는지만을 선언한다. 곧, 컴퓨터에서 출력되는 것은 '예스(Yes)'라는 것들뿐이다. 이런 프로그램은 일정한 양을 정답으로 출력하고, 사람이 나중에 그것이 올바른지 확인할 수 있는 프로그램과 구별되어야 한다. (중략) 수학의 묘미는 순수한 논증의 결과로써 4가지 색이 충분한 까닭을 이해할 수 있게 되는 데에 있다. 컴퓨터 사기꾼인 아펠과 하켄이 수학자로서 인정받고 있다는 것은 우리들의 지성이 충분히 작동되지 못하고 있다는 뜻이다."

"문제는, 아주 부적절한 방법으로 이를 해결했다는 점이다. 이후로 일류 수학자가 이 문제에 관여하는 일은 없을 것이다. 적절한 방법으로 문제를 해결한다 하더라도 이것을 해결한 최초의 사람이 될 수 없기 때문이다. 정상적으로 증명될 날은 기약

없이 멀어져버렸다. 누구나 납득할 수 있는 증명이 나오기 위해서는 일류 수학자가 필요한데, 이제 그것은 불가능한 일이 되어버렸다."

'컴퓨터를 사용했다'는 점이 수학자의 혐오감을 증폭시켰다고 생각합니다. 그러나 수학자들이 분담해서 했다면 유한개의 경우로 분할해 모두 조사할 수 있었겠지요. '몇백 개의 논문을 종합한 결과로, 4색 문제가 해결되었다'는 시나리오도 있었을 것입니다.

즉, 본질적으로 '증명이 매우 길고, 사람이 전체를 다루기는 매우 어렵다'는 것이 문제인 것입니다. 이와 같은 현상은 실제로 다른 문제에서도 벌어집니다.

이를테면 군론이라는 대수학의 한 분야에서는 유한단순군의 분류 정리라고 일컬어지는, 모든 유한단순군을 분류하는 정리가 알려져 있습니다. 그 증명은 2004년에 완성되었다고 '믿어지고' 있습니다. 믿어지고 있다는 것은 그 증명이 총 12,000페이지 가까이 되어 인간이 전체를 이해하는 것이 매우 힘들기 때문입니다. 제 친구 중에는 유한군론을 전문으로 하는 수학자가 있는데, 1990년대에는 증명이 완성되었다고 말했습니다(1983년에 유한군론의 대가 고렌슈타인*이 승리 선언을 했기 때문에). 그러나 준박군(準薄群, quasithin groups)**

....

* 다니엘 고렌슈타인(Daniel Gorenstein, 1923-1992): 미국의 수학자. - 옮긴이
** 표수(標數, characteristic)가 2인 체 위에서 계수(階數, rank)가 많아야 2인 유형의 Lie 군과 닮은 유한단순군임. - 옮긴이

이라고 일컬어지는 군 중에서 조사되지 않은 것이 발견되었고, 1,300페이지에 걸쳐 그 간극을 메꾼 것은 2004년이 되고 나서였습니다.

손을 움직이는 것만으로는 해결할 수 없었던 문제. 인간이 이해할 수 없는 '증명'의 의의는 무엇일까요? 4색 문제는 그와 같은 질문을 우리에게 내밀었던 것입니다.

지도에 색을 칠해 구분하는 문제에서는 색을 칠해서 구분하기 어려운 지도를 고찰하는 것이 중요합니다. 그 가운데서도 모든 국경선이 다른 나라와 맞닿아 있고, 세 국경선이 반드시 만나는 세 갈래 지도(三枝地圖, trivalent map)가 중요합니다. 그런데 '어느 지도에나 이웃 나라가 다섯 나라 이하인 나라가 적어도 하나 이상 존재한다'는 것으로부터, 모든 세 갈래 지도에는 그림과 같은 모습을 띤 나라가 적어도 하나 이상 존재하게 됩니다.

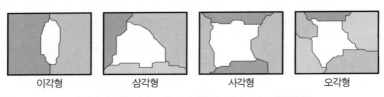

| 이각형 | 삼각형 | 사각형 | 오각형 |

세 갈래 지도에는 위에 보이는 4가지 형태 가운데 하나가 나타납니다.

지도를 그릴 때 나타나는 것처럼 피할 수 없는 형태의 집합을 '불가피집합(不可避集合, unavoidable set)'이라고 합니다.

증명의 기본 전략은 불가피집합이라는 집합을 조사하는 것입니다. 지도에 관해서는 '어느 지도에나 이웃 나라가 다섯 나라 이하인 나라가 적어도 하나 이상 있다'는 정리를 증명할 수 있습니다.

헤슈는 불가피집합을 발견하기 위해 '방전법(放電法, method of discharging)'이라는 방법을 생각해냈습니다. 어떤 집합을 불가피집합이 아니라고 가정하고 k개의 경계선이 있는 나라에 $6-k$라는 정수를 할당하고 이것을 전하(電荷)로 간주합니다. 그리고 지도의 총 전하를 바꿀 수 없도록 하고, 지도 안에서 전하를 이동시키는 '방전(放電)'이라고 부르는 조작을 되풀이합니다. 여기서 최종적으로 모순이 일어나면 그 집합이 불가피집합이 아니라고 가정했던 것이 잘못되었음을 알 수 있게 되는 것입니다.

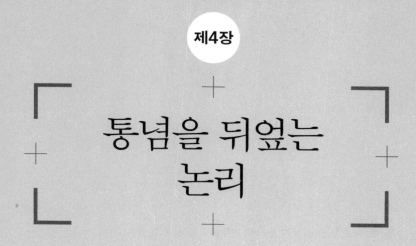

제4장

통념을 뒤엎는 논리

이 문제의 이상한 점은 맨 처음에 문제를 들었을 때 생긴
'확률은 반반'이라는 직감이 마지막까지 끈덕지게 남아 있는 것입니다.

곡선으로 정사각형을
채울 수 있을까

1월 9일

문제 흰 종이를 검은색 펜으로 빈틈없이 칠하여 완전히 검게 만드시오. 단, 아래의 주의 사항을 지킬 것.

- 주의 1: 펜은 끝이 바늘처럼 가는 것을 사용한다.
- 주의 2: 펜 끝이 종이에서 떨어지지 않도록 한다.
- 주의 3: 선끼리 만나거나 겹치지 않도록 한다.

그림 117

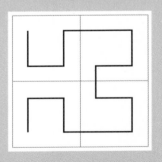

아무렇게나 마구 그으면 검은색으로 만들 수는 있겠지만, 선끼리 만나거나 겹치지 않도록 하기는 어렵다. 이럴 때 슬쩍이라도 정답을 보는 것은 재미없다. 이 그림이 힌트가 된다고 하는데…. 오히려 더 알 수 없게 된 것 같다.

사각형은 곡선의 친구인가?

〈그림 117〉은 정답에 다다르는 과정의 한 장면을 보여줍니다. 이것을 차츰 세밀하게 만들면 어떻게 되는지가 힌트입니다.

이 장이 드디어 마지막 장입니다. 지금까지 여러 가지 문제를 다루어왔습니다. 중고생도 도전할 만한 문제이면서도 수학의 심오함을 느낄 수 있는 문제가 많지 않았나요? 사실 이번 문제에도 본질적인 물음이 들어 있습니다. 그 물음이란 '정사각형은 곡선의 친구가 될 수 있을까?' 하는 것입니다. 다시 말해서 '곡선의 정의'가 이 문제의 본질입니다.

실제로 수학의 정의라는 것은 처음부터 완벽하게 정해져 있는 것은 아닙니다. '이런 식으로 정의하지 않으면 의외의 일이 벌어질 것 같습니다'라고 말하는 사실이 발견될 때, 천천히 올바른 방향으로 수정되어갑니다.

그런데 가장 소박한 곡선의 정의로 '연속이면서 직선과 일대일로 대응되는 것'이 있습니다. '연속'이라는 것은 '연결되어 있다'는 의미이고 '일대일로 대응된다'는 것은 '직선 위의 점과 곡선 위의 점이 각각 하나씩 대응하고 있다'는 뜻입니다. 어렵게 느껴질지도 모르겠지만 그림으로 나타내보면 〈그림 118〉과 같이 생각할 수 있습니다.

언뜻 보면 아무런 문제도 없는 것처럼 생각되는 이 정의. 사실은 이러한 곡선의 정의가 나중에는 뜻하지 않은 문제를 일으키고 맙니다.

그림 118 · 곡선의 소박한 정의

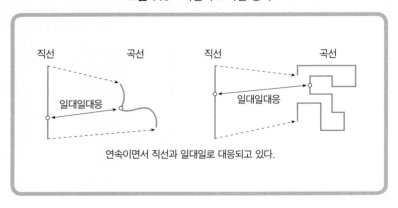

연속이면서 직선과 일대일로 대응되고 있다.

러시아의 상트페테르부르크에서 태어난 수학자 칸토어*는, 지금은 수학계에서 상식으로 쓰이는 '집합'이라는 개념의 엄밀한 기초를 다진 사람입니다. 칸토어의 방대한 업적 가운데 '직선과 정사각형(의 경계와 안쪽 모두)의 모든 점 사이에 일대일대응이 성립한다.'는 놀랄 만한 발견이 있습니다. 이것은 말하자면 '직선만으로 정사각형을 전부 메울 수 있다'라는 의미가 됩니다(그림 119).

그러나 칸토어가 발견한 '대응'은 '불연속'인 것이었습니다. 이절의 글머리에 있는 문제에서 언급한, '주의 2: 펜 끝이 종이에서 떨어지지 않도록 한다'를 만족시키지 않습니다. 그래서 수학자들은 칸토어가 발견한 '직선과 정사각형을 연속으로 대응시킬 수 있

---

* 게오르크 칸토어(Georg Ferdinand Ludwig Philipp Cantor, 1845-1918): 독일의 수학자. 실변수 함수론의 기초를 구축하고, 무한집합에 관한 근본 문제를 분석하여 고전집합론을 창시하고 완성함. - 옮긴이

그림 119 • 직선과 정사각형 사이에 일대일대응이 성립하는가?

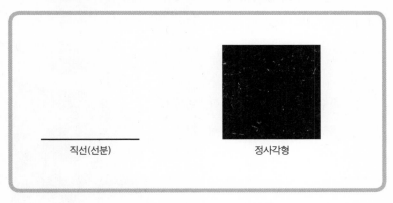

직선(선분)　　　　　　　　　　정사각형

을까?' 하는 문제에 관심을 갖게 되었습니다. 바꾸어 말하면 '정사 각형 안의 모든 점을 지나는 곡선은 존재하는가?'입니다. 이것이 수학자들의 흥미를 불러일으켰던 것입니다.

이 문제에 대해 맨 처음 '그렇다'라는 답을 내고 곡선을 구성하 는 방법까지 보인 사람이 이탈리아 수학자인 페아노**입니다.

여기서 페아노의 구성법을 소개하고 싶기는 하지만 조금 복잡하 므로 생략하도록 하겠습니다. 그 대신 정사각형을 모두 메우는 곡 선의 예로, 좀 더 이해하기 쉬운 힐베르트*** 곡선에 대해 설명해보 겠습니다.

·····································

** 주세페 페아노(Giuseppe Peano, 1858-1932): 이탈리아의 수학자, 논리학자. 기하학의 공리화를 시도하고 기호논리학을 개척하였으며 결합공리와 순서공리를 연구함. - 옮긴이
*** 다비트 힐베르트(David Hilbert, 1862-1943): 독일의 수학자. 대수적 정수론, 불변식론, 적분방정식론을 연구하고 기하학의 기초를 확립함. 힐베르트 공간론을 창설하고 공리주 의 수학 기초론을 전개함. - 옮긴이

힐베르트 곡선의 불가사의

힐베르트는 19세기 말에서 20세기 초에 걸쳐 활약한 독일 출신의 수학자입니다.

그는 대수학, 해석학, 기하학, 수학 기초론, 물리학 등 여러 방면에 걸쳐서 기본적이고 본질적인 아이디어를 제시하는 데에 지도적인 역할을 했습니다. 1900년 파리에서 열린 국제수학자회의에서 그 유명한 '힐베르트의 23가지 문제'를 발표함으로써, 그 뒤 수학계가 나아갈 방향을 제시한 사람입니다.

그가 고안한 힐베르트 곡선의 구성은 매우 간단합니다. 'ㄱ' 모양의 도형을 빙글빙글 회전시킨 것을 생각하면 됩니다(그림 121).

힐베르트 곡선의 1단계는 'ㄱ'입니다. 이것이 여러 단계를 거쳐 차츰 복잡하게 되어가는 것입니다. 〈그림 122〉를 봐주십시오. 시력검사를 하는 것 같은데, 'ㄱ'은 뚫린 방향이 왼쪽이네요.

그림 121 · 'ㄱ' 모양을 회전시킴

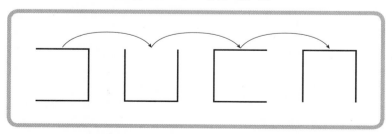

그림 122 · 'ㄱ'에서 시작!

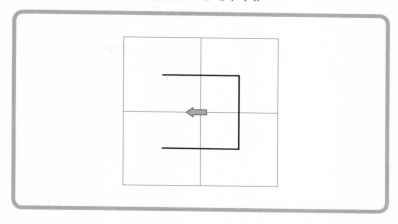

다음으로 'ㄱ'의 크기를 가로와 세로 모두 절반으로 줄입니다. 그러고 나서 〈그림 123〉과 같이 뚫린 방향이 '왼쪽'인 것을 오른 쪽에 2개, '위쪽이 뚫린 것'을 왼쪽 위, '아래쪽이 뚫린 것'이 왼쪽 아래에 놓이도록 배치하고 점선 부분을 연결합니다. 이렇게 해서 2단계의 힐베르트 곡선이 만들어집니다. 글머리에서 힌트가 되었던 그림이네요. 전체 상자(정사각형)의 크기는 변하지 않았습니다.

그다음 이 2단계의 도형을 가로와 세로로 다시 절반으로 축소하고, 마찬가지로 오른쪽에 '왼쪽이 뚫린 것' 2개, 왼쪽 위에 '위쪽이 뚫린 것', 왼쪽 아래에 '아래쪽이 뚫린 것'이 놓이도록 배치하고 점선 부분을 연결합니다(그림 124).

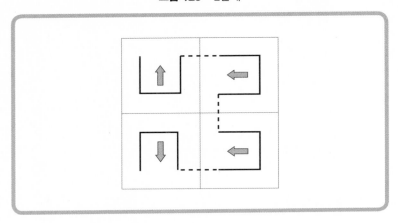

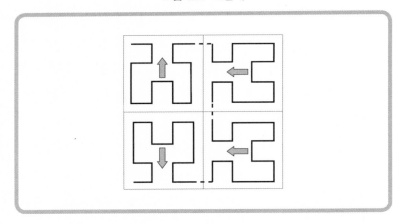

이것이 3단계입니다. 이런 방식으로 곡선을 점점 촘촘하게 만들어갑니다. 여기서부터 제시한 그림은 프로그램을 이용해 그렸습니다(그림 125~128).

그림 125 • 4단계

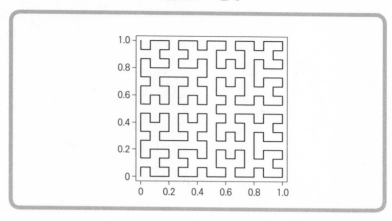

그림 126 • 5단계

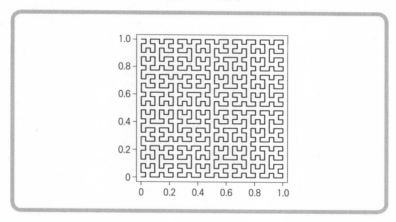

그림 127 · 6단계

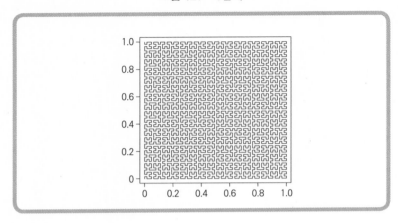

그림 128 · 7단계

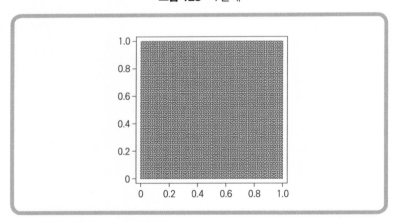

6단계 정도가 되니 현기증이 날 것 같습니다.

7단계가 되면 거의 새까맣게 됩니다. 이젠 뭐가 뭔지 잘 모르겠네요.

그림 129 · 힐베르트 곡선!

어쨌든 이와 같이 곡선을 무한히 촘촘하게 만들어나가면, 마지막에는 정사각형 전체를 완전히 채울 수 있음을 알 수 있습니다.

즉, 〈그림 129〉는 곡선입니다. 힐베르트 곡선이란 이 정사각형을 말하는 것입니다.

4진수로 증명하기

그래도 뭔가 부족하다고 생각하는 사람을 위해 '직선(선분)과 정사각형 = 힐베르트 곡선 사이에 일대일대응이 성립하고 있다는 것'을 증명해보도록 하겠습니다.

먼저 구간(또는 선분) [0, 1](0에서 1까지의 수 전체)에 있는 모든 수(물론 무한히 많이 있습니다)를 4진수로 전개합니다.

그림 130 • 힐베르트 곡선과 선분의 대응(1단계)

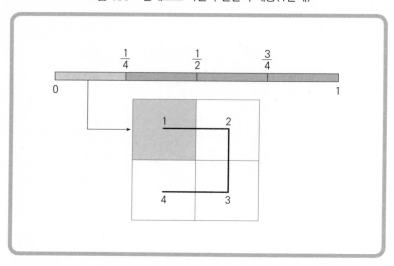

그림 131 • 힐베르트 곡선과 선분의 대응(2단계)

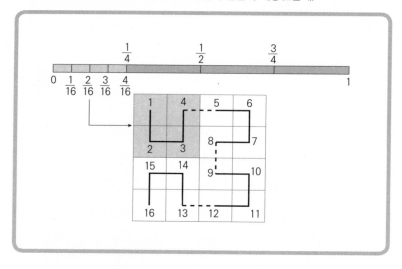

4진수는 그다지 낯익지 않지만, 어렵게 생각하지 말고 '(0에서 1까지의) 선분을 〈그림 130〉의 위에 있는 그림과 같이 4개로 나누는 것'이라고 생각해 주기바랍니다. '0에서 $\frac{1}{4}$까지의 범위', '$\frac{1}{4}$에서 $\frac{2}{4} = \frac{1}{2}$까지의 범위', '$\frac{2}{4}$에서 $\frac{3}{4}$까지의 범위', '$\frac{3}{4}$에서 $\frac{4}{4} = 1$까지의 범위'를 〈그림 130〉의 아래에 있는 것처럼 선을 잡아늘리면서 정사각형에 대응시켜갑니다. 이것을 4진수로 말하면 소수점 아래 첫째 자리의 수를 모두 대응시키는 것이 됩니다.

다음으로 정사각형을 4×4의 바둑판 모양으로 나누어 〈그림 131〉과 같이 꺾은선을 채워넣어 갑니다.

이번에는 0에서 $\frac{1}{4}$까지를 한 번 더 4개로 나누어 '$\frac{1}{16}$', '$\frac{2}{16}$ (=$\frac{1}{8}$)', '$\frac{3}{16}$', '$\frac{4}{16}$ (=$\frac{1}{4}$)'까지를 각각 1, 2, 3, 4라고 번호를 붙인 바둑판에 채워넣습니다. 다음으로 5, 6, 7, 8에도 'ㄱ' 모양으로 선을 긋습니다. 그리고 나서 4와 5가 적힌 부분, 즉 선분으로 말하자면 $\frac{4}{16}$부터 $\frac{5}{16}$까지 이어 줍니다(점선). 같은 방법으로 9, 10, 11, 12, 13, 14, 15, 16에도 꺾은선을 그어넣습니다.

이것으로 0에서 1까지의 선분을 4진수로 표현했을 때, 소수점 아래 둘째 자리까지의 수에 대응시킬 수 있습니다.

이렇게 하여 곡선의 길이를 차츰 늘여갑니다. 이 조작을 더욱 촘촘하게 해서 정사각형을 8×8, 16×16, 32×32, ……으로 늘려가면서 앞서와 같은 방법으로 0에서 1까지의 선분과 대응시킵니다. 그러면 8×8의 바둑판은 소수점 아래 셋째 자리까지, 16×16은 소수점 아래 넷째 자리까지, 32×32는 소수점 아래 다섯째 자리까지, ……의 수에 대응시키는 것과 같습니다. 이를 무한히 되풀이하면 마지막에는 정사각형 전체를 완전히 채울 수 있습니다.

즉, '연속이면서 직선과 일대일로 대응되는 것'이라는 곡선의 정의를 따르는 경우에 '정사각형은 곡선의 친구가 된다'는 것입니다. 현재 대학의 수학 강의에서는 곡선을 다음과 같이 표현합니다.

'M을 하우스도르프 공간이라 한다. M의 각 점이 일차원 유클리드 공간(실수 전체)의 개집합과 위상동형(homeomorphism)인 근방을 가질 때 이 M을 곡선(1차원 위상다양체)이라고 한다.'

이렇게 번잡스럽고 어려운 정의가 되어버린 까닭을 이제 알겠지요? 그렇습니다. '정사각형이 곡선의 무리에 들어가버리는' 것과 같은 이상한 일이 일어나지 않도록 하기 위해서입니다.

이는 곡선의 정의에만 한정된 이야기가 아닙니다. 수학의 정의에서는 몹시 세밀한 가정을 세우는데, 사실 그것도 수학적으로 깊은 사정이 있기 때문입니다. 이번에 이야기한 것은 '곡선을 수학적으로 정의하기 위해서는 어떻게 하면 좋을까?'라는 물음에 대해 수학자가 시행착오를 겪은 이야기이기도 합니다.

불리한 게임에서
이기는 묘수는

1월 18일

문제 2명의 참가자가 각각 100달러를 가지고, 다음과 같은
게임을 한다. 이때 게임 A와 게임 B를 섞어서 한다면
승패는 어떻게 될까?

게임 A 48% 확률로 가지고 있는 돈이 1달러 늘어난다.
52% 확률로 가지고 있는 돈이 1달러 줄어든다.

게임 B 가지고 있는 돈이 3의 배수일 때, 이길 확률은 1%이다.
그 밖에는 이길 확률이 85%이다.
이기면 1달러가 늘어나고, 지면 1달러가 줄어든다.

물론 게임 A는 질 확률이 높다. 게임 B는 $\frac{1}{3}$의 확률로 가지고 있는
돈이 3의 배수가 된다. 그러나 이때는 거의 확실하게 지는데,
벗어날 수 있는 확률은 $\frac{1}{100}$밖에 되지 않는다. 나머지 $\frac{2}{3}$의 확률로
85% 이기지만 이번에는 이기는 것이 이어지기 때문에 다시 가지고
있는 돈은 3의 배수가 되어버린다. 그러므로 게임 B도 질 확률이
높겠지. 게임 A와 게임 B는 어느 쪽이나 질 확률이 높다. 따라서 이
문제의 정답은 당연히 '진다'이다.

지는 게임＋지는 게임＝이기는 게임?

불리한 게임은 아무리 많이 조합한다 하더라도, 불리하다는 사실은 바뀌지 않습니다. 이렇게 생각하는 것이 자연스럽습니다.

그런데 마드리드 콤플루텐세 대학에서 물리학을 가르치는 파론도* 교수는 여기에 다른 의견을 제기했습니다.

지는 횟수가 이기는 횟수보다 많아지는 두 가지 게임 A, B를 잘 조합해보면, 이기는 횟수가 지는 횟수보다 많아지는 게임으로 바뀔 수 있다는 것입니다. 게임 A만을 계속하면 지는 횟수가 이기는 횟수보다 많아지고, 마찬가지로 게임 B만을 계속해도 지는 횟수가 이기는 횟수보다 많아지지만, 이 두 가지를 잘 조합하는 것만으로 게임에서 이기는 횟수를 지는 횟수보다 더 많게 할 수 있다고 말합니다. 생뚱맞은 소리라서 믿기는 어렵네요.

이야기를 정리해보면, 게임 A는 다음과 같은 규칙으로 되어 있습니다.

게임 A

48% 확률로 보유 금액이 1달러 늘어난다.

52% 확률로 보유 금액이 1달러 줄어든다.

차이가 작기는 하지만, 어떻게 봐도 지는 횟수가 이기는 횟수보

....

* 후안 파론도(Juan Manuel Rodríguez Parrondo, 1964-): 스페인의 물리학자. ‒ 옮긴이

다 많을 가능성이 높은 게임이네요. 우연이 지배하는 게임에서는 작은 확률의 차이가 나중에 커다란 영향을 주기 때문입니다.

그렇다면 게임 A를 400회 계속해서 시행할 경우, 보유 금액의 추이가 어떻게 되는지 살펴봅시다(그림 132). 이길 확률이 48%이기 때문일까요, 처음에는 돈이 늘어나서 원래 보유 금액보다 많아지기도 합니다. 하지만 게임을 거듭하면 마지막에는 지게 되어 있습니다. 이길 확률과 질 확률이 그다지 다르지 않지만 장기적으로는 거의 확실하게 보유 금액이 줄어들게 되어 있습니다.

참고로 말한다면, 이 그림은 컴퓨터 시뮬레이션을 사용해 그렸습니다. 만약 게임 A의 상황을 다른 방법으로 구현해보고 싶다면, 예를 들어 아주 조금 구부러진 동전을 사용해 승패를 가르는 것도 해볼 만한 일일 것입니다.

그림 132 · 게임 A에서 나타나는 보유 금액의 추이

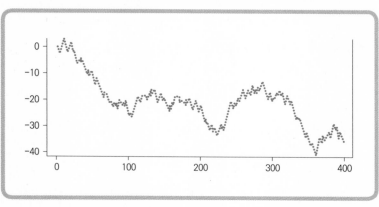

한편 게임 B는 조금 변형되어 있습니다.

> **게임 B**
> 보유 금액이 3의 배수일 때, 이길 확률은 1%이다.
> 그 밖에는 이길 확률이 85%이다.
> 이기면 1달러가 늘어나고, 지면 1달러가 줄어든다.

보유 금액이 얼마인지(3의 배수인지 아닌지)에 따라 이길 확률이 달라집니다.

게임 B에서 승패의 확률을 계산하는 것은 바로 앞서 가지고 있었던 돈에 의존하기 때문에 조금 까다롭긴 하지만, 컴퓨터 시뮬레이션을 해보면 대략적인 느낌은 알 수 있습니다. 〈그림 133〉을 봐주십시오. 이것은 게임 A와 마찬가지로 400회 게임을 시행했을 때

그림 133 · 게임 B에서 나타나는 보유 금액의 추이

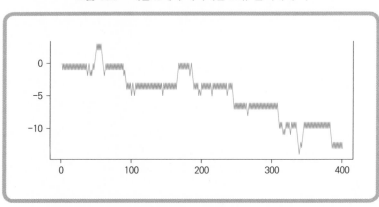

의 보유 금액의 추이를 나타낸 것입니다. 보유 금액이 3의 배수가 아닐 때는 85% 확률로 이길 수 있습니다.

이를테면 바로 앞서 가지고 있었던 돈이 4달러였다고 가정합니다. 이는 3의 배수가 아니므로 85%의 높은 확률로 이깁니다. 이때 게임 B를 시행하면 (85% 확률로) 보유 금액은 5달러로 늘어납니다. 보유 금액이 5달러인 경우도 3의 배수가 아니므로 또한 85%의 확률로 6달러로 늘어납니다.

하지만 보유 금액이 6달러가 되면, 이는 3의 배수여서 이길 확률은 고작 1%에 지나지 않기 때문에 거의 확실히 지게 되어 있습니다. 이렇게 되면 돈은 5달러로 줄어들겠지요. 재미있게도 여기서 진동 현상이 일어납니다. 곧, '1달러 늘어나고 1달러 줄어든다'라는 현상이 단조롭게 주기적으로 되풀이됩니다. 〈그림 133〉에서 이 현상을 확인할 수 있습니다.

다만, 때로는 우연히 계속해서 이긴다든지 진다든지 해서 이런 진동 현상의 사이클로부터 벗어날 때가 있습니다. 그러나 돈이 줄어드는 쪽의 확률이 높기 때문에 보유 금액은 조금씩 줄어들어 가는 구조로 짜여 있습니다.

지금까지 게임 A와 B를 따로 나누어 자세히 알아보았습니다. 문제는 '게임 A와 B를 조합했을 때 승패를 바꿀 수 있을까?' 하는 것입니다.

섞어서 진행하면 어떻게 될까?

여기서 이야기의 정리를 위해, 게임 A와 B의 규칙을 수형도로 만들어 보았습니다(그림 134).

앞서 본 것처럼 게임 A와 B 어느 쪽에서 시행한 시뮬레이션에서도 마지막에는 보유 금액이 줄었습니다. 이 불리한 게임에서 파론도 교수는 어떻게 비책을 생각해냈던 것일까요?

놀랍게도 그의 아이디어는 '50% 비율로 게임 A를 시행하고, 50% 비율로 게임 B를 시행한다'는 것입니다. 게임 A와 게임 B를 비율이 반반이 되도록 바꾸어가며 시행합니다. 단지 그것만으로 보유 금액이 늘어나는 (경향이 있는) 게임이 된다고 말할 수 있습니다.

그림 134 · 게임 A와 게임 B의 규칙

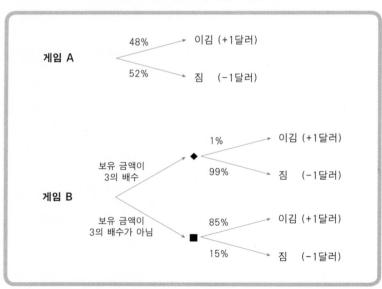

파론도 교수의 아이디어에 따르면 어느 게임을 할 것인지는 비율 나름이라는 것이 됩니다. 비율은 반반이므로 횟수가 늘어나면 어느 한 쪽의 게임을 계속해서 하게 되는 일은 거의 없습니다. 이를테면 앞서 시행한 시뮬레이션과 마찬가지로 400번의 게임을 시행하기로 한다면, 게임 A를 200번 시행하고, 게임 B를 200번 시행하게 되겠지요.

그렇더라도 원래 어느 쪽이나 손해를 보는 게임이므로, 그 비율이 반이 되도록 전환해보았자 돈이 늘어난다고는 생각되지 않습니다. 정말 그럴까요?

컴퓨터의 도움을 빌려 바로 시뮬레이션을 해봅시다. 400번을 시행해 앞에서 했던 게임 A와 게임 B의 결과와 대조해본 것이 〈그림 135〉입니다.

그림 135 · 진 횟수가 이긴 횟수보다 많은 두 게임을 조합하면 이긴 횟수가 진 횟수보다 많아진다

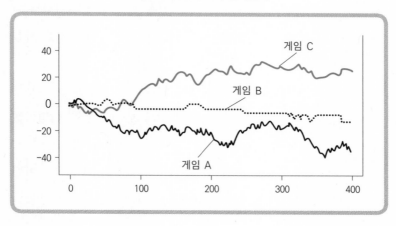

게임 A와 B를 조합한 결과 〈그림 135〉의 가장 위에 있는 선(게임 C)이 되는데, 분명히 이긴 횟수가 더 많습니다!

게다가 일정한 한계 안에서 늘어나고 있는 것이 아니라, 돈이 한정 없이 점점 늘어나고 있지 않습니까?

한 일이라고는 게임을 전환한 것뿐입니다. 도대체 어떻게 된 일일까요?

조금 앞서 게임의 상황을 〈그림 134〉의 수형도로 확인했습니다. 그러나 수형도로 파악할 수 있는 것은 '게임을 해보았더니 이랬다'라는 것뿐입니다. 게임 A와 게임 B를 조합하면, 왜 이기게 되는지까지는 알 수 없습니다. 왜냐하면 게임이 '움직이고 있기' 때문입니다.

그러면 게임의 횟수를 차차 늘려 '마지막에 안정된 경우'(이것을 정상 상태라고 일컫습니다)를 생각해봅시다.

게임 A, B, C 각각의 변화는 〈그림 136〉과 같은 상태천이도(狀態遷移圖, state transition diagram)로 나타낼 수 있습니다. 여기서는 게임 A, B, C 모두에 대해 3으로 나눈 나머지의 변화와 확률을 화살표로 표시했습니다.

상태천이도를 보는 방법을 설명하겠습니다. 게임 A, B와 보는 방법은 같지만, 이해하기 어려운 게임 B를 보는 방법을 설명하겠습니다.

게임 B에서는 보유 금액을 3으로 나눈 나머지가 0일 때, 이길 확률은 1%밖에 되지 않습니다. 그리고 이기면 돈은 1달러 늘어나

그림 136 · 게임의 상태천이도

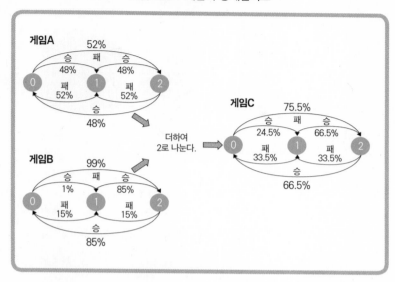

므로, 보유 금액을 3으로 나눈 나머지는 1이 됩니다. 이것이 0에서 1로 가는 화살표이고 아래에 1%라고 쓰여 있는 것의 의미입니다.

이번에는 보유 금액을 3으로 나눈 나머지가 2일 경우를 생각해 봅시다. 이때 보유 금액은 3으로 나누어떨어지지 않으므로 85% 의 확률로 이기게 됩니다. 그러면 돈은 1달러 늘어나게 되므로 보유 금액을 3으로 나눈 나머지는 0이 되어버립니다. 이것이 2에서 0으로 가는 화살표이고 아래에 85%라고 쓰여 있는 것의 의미입니다.

여기에서는 이기는 경우만 설명했지만, 지는 경우도 마찬가지입니다. 이처럼 현재의 상태가 다음의 상태로 변화하는 확률에 영향

그림 137 · 게임 A를 되풀이했을 때의 상태 변화

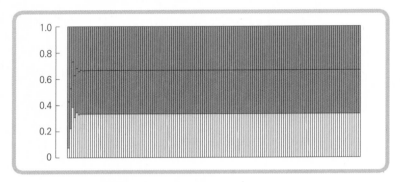

그림 138 · 게임 B를 되풀이했을 때의 상태 변화

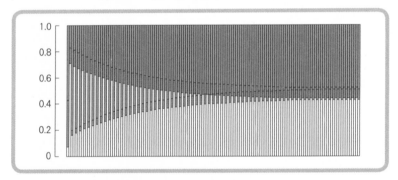

그림 139 · 게임 C를 되풀이했을 때의 상태 변화

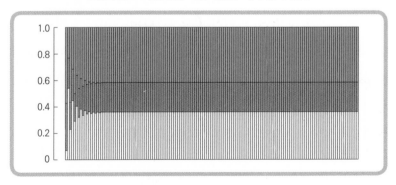

을 끼치는 것을 확률론에서 '마르코프* 사슬'이라고 합니다.

게임 C의 상태천이도는 게임 A와 게임 B의 상태천이의 확률을 더하여 2로 나눔으로써 만들 수 있습니다.

이 상태천이도는 한 번의 게임에서 일어나는 변화를 나타내고 있습니다. 이것을 100번, 200번, ……으로 늘려가면, 나머지가 0, 1, 2가 되는 확률은 각각 어떻게 될까요? 〈그림 137~139〉는 맨 처음 상태의 0, 1, 2의 비율을 1 : 5 : 8로 하여 상태천이를 200번 되풀이했을 때 나타난 0, 1, 2의 비율의 변화입니다.

여기서 맨 처음의 상태 0, 1, 2의 비율을 1 : 5 : 8로 한 것에는 특별한 의미가 없습니다. 조금 극단적인 비율을 사용하는 쪽이 변화가 커 보이므로 이 비율을 선택한 것입니다. 다른 비율을 선택해도 상관없습니다. 시뮬레이션을 해보면 처음에는 조금 다른 양상을 보이지만, 마지막에는 같은 비율이 되게 마련입니다.

왜 이기게 될까?

게임 A, B, C의 상태 변화를 보면, 안정된 상태가 되는 속도의 차이는 있지만 보유 금액을 3으로 나눈 나머지가 0, 1, 2가 되는 비율은 차차 일정한 값(비율)에 가까워지고 있음을 알 수 있습니다. 이 '일정한 비율'을 나타내봅시다(표 8).

....

* 안드레이 안드레예비치 마르코프(Андрéй Андрéевич Мáрков, 1856-1922): 러시아의 수학자. – 옮긴이

표 8 · 정상 상태와 기대 금액

	나머지 0	나머지 1	나머지 2	다음 단계의 기대 금액
게임 A	33.3%	33.3%	33.3%	-0.03996달러
게임 B	43.0%	7.8%	49.2%	-0.0224달러
게임 C	35.4%	22.7%	41.9%	0.16362달러

게임 A에서는 어떤 나머지가 되든지 확률은 똑같이 33.3%($\frac{1}{3}$) 입니다. 게임 B에서는 나머지가 0이 될 확률이 43.0%, 나머지 1이 7.8%, 나머지 2가 49.2%가 됩니다. 게임 C에서는 나머지가 0이 될 확률이 35.4%, 나머지 1이 22.7%, 나머지 2가 41.9%의 비율에 가까워집니다(정상 상태). 사실 이 점이 중요한데, 게임 C의 정상 상태는 게임 A와 게임 B를 더하여 2로 나눈 것이 아니라는 것입니다.

게임이 유리한지 불리한지 판단하기 위해서, 정상 상태일 때 다음 단계에서 받게 될 기대 금액을 계산해봅니다. 그러면 게임 A와 B에서는 기대 금액이 줄어드는 반면, 게임 C에서는 늘어나는 것을 알 수 있습니다. 〈그림 140〉에서 볼 수 있듯이 게임 A, B, C 어느 경우에나 보유 금액이 3의 배수일 때에 이길 확률 p_1과 3의 배수가 아닐 때 이길 확률 p_2의 짝 p_1, p_2를 소정의 값으로 하여 이기도록 할 수 있습니다.

p_1과 p_2 각각의 확률에 대한 기대 금액을 계산해 기대 금액이 늘어나는 영역(이기는 영역)과 줄어드는 영역(지는 영역)을 색칠로 구분합니다.

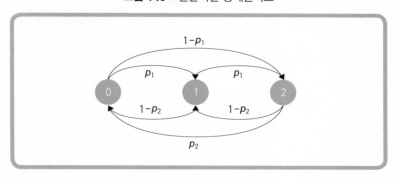

그림 140 · 일반적인 상태천이도

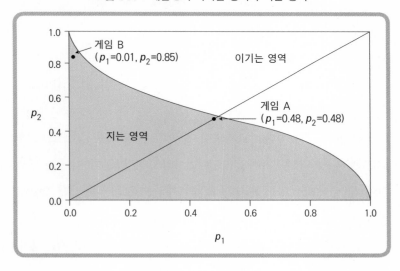

그림 141 · 게임 B의 이기는 영역과 지는 영역

〈그림 141〉의 위쪽(흰 부분)에 있으면 이기고, 아래쪽(파란 부분)에 있으면 지는 것입니다. '결국 〈그림 141〉의 위쪽에 들어가 있는지, 아래쪽에 들어가 있는지'로 승패가 일목요연해집니다.

〈그림 141〉에서 볼 수 있듯이 게임 A의 결과는 $p_1 = p_2 = 0.48$ (48%)이 됩니다. 마찬가지로 게임 B는 $p_1 = 0.01$(1%), $p_2 = 0.85$(85%) 입니다. 게임 A와 B는 역시 둘 다 검은 점이 파란 부분(지는 영역)에 있네요.

이 두 게임을 '특정한 비율로 섞었을 때'의 p_1, p_2는 이 2개의 검은 점을 연결한 선분 위에 있을 것입니다.

게임 C (정해진 비율 t 로 섞는 것)
- 게임 B에서 보유 금액이 3의 배수일 때, 이길 확률은
  $tp + (1-t)p_1$
- 게임 B에서 보유 금액이 3의 배수가 아닐 때, 이길 확률은
  $tp + (1-t)p_2$

원래 게임 C의 비율은 A와 B를 정확히 반씩 섞은 것으로 〈그림 142〉와 같이 나타낼 수 있습니다. 게임 C는 확실히 이기는 영역 안에 들어 있습니다! '불리한 2개의 게임으로부터 유리한 게임을 만들어낼 수 있다.' 이 아이디어는 정말이었네요.

사실 게임 B의 지는 영역에 움푹 파인 부분이 있는 것 때문에 이와 같은 뜻밖의 일이 벌어집니다. 이것이야말로 파론도 역설의 실제입니다.

파론도 역설이 제시되고 난 뒤 '불리한 게임을 조합해 유리한 게임을 만드는' 예가 여러 개 나타나게 되었습니다. 언뜻 보면 불리

그림 142 · 파론도 역설의 실제

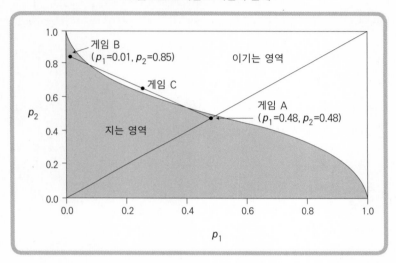

해 보이는 게임이라도 의외의 빠져나갈 길이 있을 겁니다.

바꾸느냐 마느냐,
그 확률은

1월 23일

자주 가던 슈퍼마켓에서 마련한 퀴즈 대회에 참가했다.

주인이 "여기에 상자 세 개가 있습니다. 이 가운데 어느 한 상자 안에 유기농 주스가 들어 있습니다. 나머지 두 개에는 물이 있습니다. 어떤 상자를 선택하시겠습니까?" 하고 물었다.

나는 세 번째 상자를 선택했다. 그때 주인이 귀엣말을 했다.

'특별히 말씀드리는 건데, 첫 번째 상자에는 물이 들어 있습니다. 그래도 상자를 바꾸지 않으시겠습니까?'

처음부터 주스가 들어 있는 상자는 결정되어 있었기 때문에, 바꾸든 바꾸지 않든 마찬가지다. 확률은 50%. 물이 들어 있는 상자는 2개이기 때문에 내가 주스가 들어 있는 상자를 맞추든지 맞추지 않든지 주인은 물이 들어 있는 상자를 열어 보일 수 있다. 특별히 생각해서 가르쳐준 건 고맙지만, 나에게는 정보가 늘어난 것도 아니다. 그러니까 한번 결정한 상자를 바꿀 필요는 없다.

수학적으로는 확실한 것인데, 손님을 잠깐 혼란에 빠뜨리는 게 재미를 더한다고 할 수 있을지도 모르겠다.

수학자도 틀리다니!

몬티 홀이라는 코미디언이 사회를 보는 미국의 게임쇼 'Let's make a deal' 중에 이런 게임이 있었습니다.

당신 앞에 3개의 문이 있습니다. 하나의 문 뒤에는 신형 자동차가 있고, 다른 두 개의 문 뒤에는 염소가 있습니다. 신형 자동차가 있는 문을 맞히면 경품으로 그 차를 받을 수 있지만, 염소를 선택하면 아무것도 받을 수 없습니다.

당신이 하나의 문을 선택하면, 그다음에 몬티가 남은 문 가운데 하나를 열어 염소를 보여줍니다. 염소는 두 마리가 있으므로 당신이 맨 처음에 선택한 문이 맞든지 틀리든지 남은 2개의 문 중에서 적어도 하나의 문 뒤에는 염소가 있습니다.

그림 143 • 몬티 홀 문제

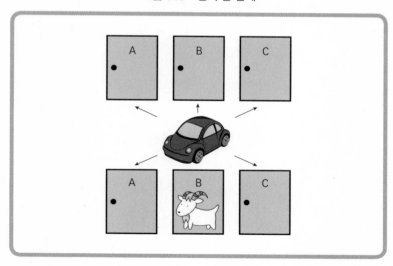

이를테면 당신이 맨 처음에 문 C를 선택했다고 하지요(그림 143). 그러면 몬티는 염소가 있는 문(여기에서는 B라고 해봅시다)을 열어서 보여줍니다. 그러면 신형 자동차는 A나 C 두 곳 가운데 한 곳에 있을 것입니다.

이때 당신이라면 어떻게 하겠습니까? A와 C에 신형 자동차가 있을 경우는 반반이므로 어느 쪽을 고르더라도 결과는 달라지지 않을 거라고 생각합니까? 아니면, 다른 문으로 바꾸는 것이 맞힐 확률이 높아진다고 생각합니까? 글머리에서 소개한 게임은 이 '몬티 홀 문제'를 바탕으로 각색한 것입니다.

사실 몬티 홀 문제는 미국에서 큰 논쟁을 불러일으킨 적이 있는 문제이기도 합니다.

근원을 거슬러 올라가 보면, 어느 잡지에 연재되던 '메릴린에게 물어봐(Ask Marilyn)'라는 칼럼에 독자가 문의한 문제입니다. 이 물음에 답변을 하는 사람은 사반트*라는 유명한 여성입니다. 그는 기네스북(1986-1989년판)에 '지능지수(IQ)가 가장 높다'고 등재되어 있습니다. 그녀의 정확한 IQ는 논쟁이 있기는 하지만, 기네스북에는 IQ228로 기록되어 있습니다.

그런 메릴린은 명쾌하게 '다른 문을 선택하는 것이 좋다'고 답을 했습니다. '문을 바꾸어 선택하는 쪽이 자동차를 받을 확률이 2배가 되기 때문'이라는 것입니다.

....
* 메릴린 사반트(Marilyn vos Savant, 1946-): 미국의 칼럼니스트. - 옮긴이

그런데 이에 대해 '메릴린의 해답이 잘못되었다!'라는 투고가 잇따랐습니다. '다른 문을 선택한다고 자동차를 받을 확률이 바뀌는 것이 아니다. 바꾸든지 바꾸지 않든지 그 확률은 당연히 50%이다.'라는 것이 반론자들의 주장이었습니다. 투고를 해온 사람들 중에는 거의 1,000명쯤의 박사가 있었는데, 그중에는 수학자도 있었습니다. 그들은 메릴린을 비난하면서 틀린 것을 인정하라고 압박했습니다.

말하자면 다른 문을 선택하든지 말든지 처음부터 자동차가 있는 문은 결정되어 있기 때문에, 메릴린의 주장이 틀린 것처럼 보입니다. 도대체 어느 쪽이 맞는 것일까요?

먼저 이 문제를 시뮬레이션 해봅시다. 3개의 문 중에서 하나를 선택하고, 나머지 문 가운데 하나에는 염소가 있다는 것을 확인하고 나서 '반드시 문을 바꾸는 경우'와 '처음의 선택을 유지하는 경우' 두 가지에 대해서 각각 100번의 시뮬레이션을 합니다. 그러고 나서 맞힌 비율을 구해보겠습니다.

결과는 〈그림 144〉와 같습니다. 가로축은 게임 횟수, 세로축은 자동차를 받은 횟수입니다. 처음 몇 번은 문을 바꾸지 않은 쪽이 우세했지만, 얼마 지나지 않아 문을 바꾼 쪽이 우세하게 됩니다. 두 가지에 대해 각각 100번을 시행했을 때 자동차를 받은 횟수는 매번 문을 바꾸었을 경우가 63회, 언제나 문을 바꾸지 않았을 경우가 37회였습니다. 거의 배가 되는군요.

그렇지만 겨우 100번으로 단정하는 것은 신뢰성이 떨어질 수도

그림 144 · 몬티 홀 문제를 100번씩 시뮬레이션을 한 결과

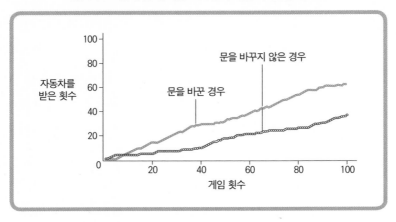

있으니까, 이번에는 각각 10만 번씩 시행해봅시다. 결과는 매번 문을 바꾸는 경우에 자동차를 받는 것이 66,728회였고, 언제나 바꾸지 않았을 경우에는 33,272회였습니다. 메릴린의 말대로 확실히 확률이 배가 되네요!

과연 세계 최고의 지능지수를 가진 것 같습니다. 그런데 왜 이런 결과가 나온 것일까요?

상황을 정리해보면

원인을 찾기 위해 50% 비율로 문을 바꾼 경우를 조사해보았습니다. 역시 10만 번의 시뮬레이션을 합니다. 최종 결과를 보면 10만 번 중에서 자동차를 받은 것은 49,769번, 받지 못한 것은

50,231번이었습니다. 거의 반반의 확률입니다. 그 말은 결국 이 문제의 포인트는 매번 문을 바꾼다는 것에 있다는 것이네요.

만일 몬티가 중간에 염소가 있는 문을 열지 않는다면, 자동차를 뽑을 확률은 $\frac{1}{3}$이 됩니다. 여기에는 아무런 이상한 점이 없네요.

문제는 그다음입니다. 몬티가 문을 열고 염소가 있는 것을 알려줍니다. 그러면 이 단계에서 '새로운 정보가 손에 들어오게 된다'는 것입니다.

경우를 나누어 생각해볼 수 있도록 이전처럼 수형도를 만들어봅시다. 〈그림 145〉를 봐주십시오.

그림 145 · 몬티 홀 문제의 상황을 정리함

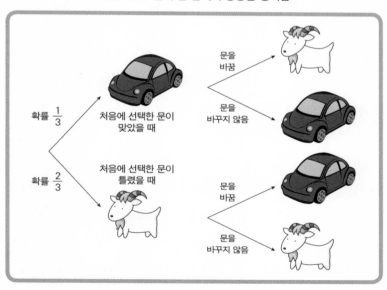

그림 146 · 언제나 문을 바꿀 경우

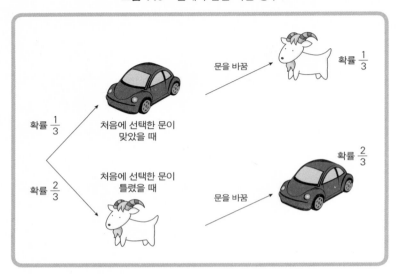

먼저, 처음에 자동차가 있는 문을 선택할 확률은 $\frac{1}{3}$입니다. 이때 문을 바꾸면 틀리게 되고, 문을 바꾸지 않으면 자동차를 받을 수 있습니다. 처음에 문을 선택했을 때, 틀릴 확률은 $\frac{2}{3}$입니다. 이때 는 몬티가 문을 열어준 뒤 선택한 문을 바꾸면 확실히 맞게 됩니다. 이것이 중요한 요소입니다.

몬티가 문을 열었을 때 반드시 문을 바꾼다면 $\frac{1}{3}$의 확률로 틀리 게 되고, $\frac{2}{3}$의 확률로 자동차를 받을 수 있습니다. 반드시 문을 바꾸 겠다고 결정하는 경우, 처음에 선택한 문이 맞지 않았을 때 확실히

틀림 ⇒ 맞음

그림 147 · 문을 바꾸지 않을 때

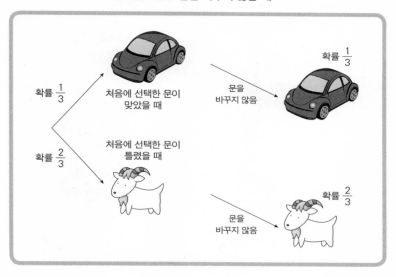

이 되고, 처음에 틀렸을 확률 $\frac{2}{3}$ 가 그대로 맞히는 것으로 이어지는 것입니다(그림 146).

한편, 문을 바꾸지 않을 경우에 자동차가 걸릴 확률은 $\frac{1}{3}$ 그대로 입니다(그림 147).

다음으로, 50%의 비율로 문을 바꾸는 경우는 어떨까요? 이 경우의 수형도를 〈그림 148〉로 나타냈습니다.

이때는 처음 단계에서 확률 $\frac{1}{3}$ 로 자동차를 뽑을 수 있습니다. 그리고 문을 변경하지 않으면($\frac{1}{2}$ 의 비율) 자동차를 받을 수 있습니다. 이 확률은

그림 148 · 50%의 비율로 문을 바꾸는 경우

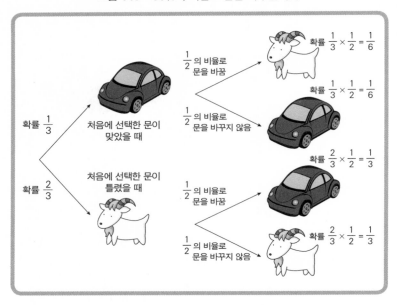

$$\frac{1}{3} \times \frac{1}{2} = \frac{1}{6}$$

이 됩니다. 처음에 선택한 문이 틀렸을 확률은 $\frac{2}{3}$입니다. 이때는 문을 바꾸면($\frac{1}{2}$의 비율) 자동차를 받을 수 있으므로 자동차를 받을 확률은, 둘을 곱하여 얻은

$$\frac{2}{3} \times \frac{1}{2} = \frac{1}{3}$$

이 됩니다. 결국 자동차를 받을 확률은 양쪽의 경우에서 나온 확률

을 더한

$$\frac{1}{6} + \frac{1}{3} = \frac{1}{2}$$

이 됩니다. 시뮬레이션 결과와 딱 일치하네요. 각각의 경우를 정리해서 생각해보면, 이상한 일은 아무것도 일어나지 않았다는 것을 알 수 있습니다.

 이 문제의 이상한 점은 맨 처음에 문제를 들었을 때 생긴 '확률은 반반'이라는 직감이 마지막까지 끈덕지게 남아 있는 것입니다. 메릴린에게 반론을 제기했던 수학자들은 첫 번째 인상에 사로잡힌 결과, 진실을 보지 못하게 된 것입니다. 몬티 홀 문제에서도 직감에 의존하는 것은 바람직한 게 아니었네요.

셀 수 있는 무한,
셀 수 없는 무한

3월 3일

밤하늘에 별이 가득하다. 별들을 바라보고 있자니, 내 고민 따위는
보잘 것 없이 느껴진다. 왜 이런 기분이 드는 걸까?
별이 수없이 많기 때문인지도 모른다.
그러니까 이런 느낌이겠지. '우주에는 별이 무수히 많다. 수없이 많은
별 앞에서 사람은 유한하고 덧없는 존재. 그래서 사람의 고민같이
작은 것들에는 신경이 쓰이지 않게 된다.'
무한한 우주에는 무한의 별들이 있고, 상상하는 만큼 멀어져가는 것
같다. 셀 수 없을 정도로 많다는 것은 모두 같은 무한이다.

무한이 뭐지?

무한한 우주라는 말은 많이 들어보았을 겁니다. 별들도 무한히 있을 거라는 생각이 듭니다. 은하수, 안드로메다 대성운, 블랙홀, ….

그런데 별의 수는 정말 셀 수 없는 것일까요?

천문학자에 따르면 현 시점에서 우주에 있는 별의 수는 유한하다고 알려져 있습니다. 스스로 빛나는 별(항성)은 1000억 개의 1000억 배(100해(垓)=10^{22})가 있고, 지구처럼 스스로 빛을 내지 못하는 별(행성 등)은 그것의 10배 이상이라고 어림되고 있습니다. 많기야 많지만, 그래도 유한개입니다.

그럼 원자의 개수는 어떨까요? 별의 개수보다는 많겠지만 역시 유한입니다. 소립자도 그렇습니다. 물론 실제로 세어보는 것은 불가능하지만, 이를테면 우주에 있는 원자 수는 대략 무량대수(無量大數, 10^{68})의 1구(溝, 10^{32})배보다 적다고 알려져 있습니다. 정리하면 거의 무한으로 보이는 것이라도 이론상으로 한계를 알 수 있는 것은 유한인 것입니다.

즉, 셀 수 없을 정도로 많이 있음=무한이라는 의미는 아닙니다. 왜냐하면 '셀 수 있는 무한'이라는 것이 있기 때문입니다. 물론 '셀 수 있는 무한=유한'이 아니라는 것은 말할 필요도 없습니다.

무한이란 무엇일까요? 까다롭고 이상한 이야기라고 생각할지도 모르겠지만, 곰곰이 생각해볼 만한 가치가 있는 중요한 주제임에는 틀림없습니다. 이 주제는 19세기 말 수학계에 충격을 주었을 뿐만 아니라, 현대수학의 많은 부분에 막대한 영향을 끼쳤기 때문입니다.

셀 수 있는 무한

아이들이 수학에서 맨 먼저 배우는 것, 바로 수를 세는 것이지요. '100까지 셀 수 있어요!'라는 식으로 자랑하는 아이들을 보면 슬며시 웃음이 납니다.

사실 '세는 것'은 추상 세계로 들어가는 문이기도 합니다. 사과가 얼마나 있는지, 자동차는 몇 대, 사람은 몇 명, ⋯. 사과든 자동차든 사람이든 각각의 속성에서 벗어난 '개수'라는 개념이 존재한다는 것은 냉정히 생각해보면 꽤 추상적입니다.

초등학교 수학에서는 자연수의 덧셈, 뺄셈, 곱셈으로 학습이 진행됩니다. 양상이 조금 변하는 것은 소수나 분수를 배울 때쯤입니다. 키, 몸무게를 재거나 온도계의 눈금을 읽을 때, 이를테면 키 130.4cm, 몸무게 34.7kg, 오늘의 최고 기온 25.6도처럼 어중간한 수가 등장합니다. 실제로 이것저것 재보면, 눈금과 눈금 사이에 더 어중간한 수도 있음을 알 수 있습니다. 보통의 자로는 1mm보다 작은 눈금은 재지 않지만, 그래도 눈금에 딱 들어맞을 때는 별로 없지요. 사실 눈금과 눈금 사이는 연결되어 있습니다. 자는 '연속'이라는 개념을 상징하는 것입니다.

'눈금을 읽는다'와 같은 일을 하다 보면, 소수는 나눗셈으로 쉽게 이해할 수 있지만 분수를 포함하면 이해되지 않는 것들이 늘어납니다. 더구나 $\frac{1}{3} = 0.333333\cdots\cdots$과 같은 수를 보면 혼란스러워지는 것도 이상한 일은 아닙니다. '이것을 3배 하면 1이 되어야 하는데, $0.999999\cdots\cdots$는 아무래도 1이 되지 않을 것 같은데' 하고

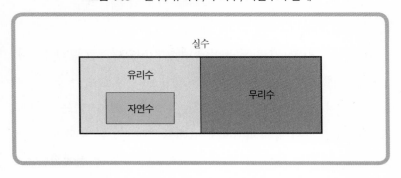

그림 149 · 실수, 유리수, 무리수, 자연수의 관계

의문을 가지는 사람도 있지 않을까요? 아무래도 여기에는 요물이 숨어 있는 것 같습니다.

이 절에서는 집합의 개념이 몇 가지 쓰입니다. 먼저 그것들 사이의 관계를 간단한 그림으로 나타내봅시다(그림 149).

실수라는 것은 아주 대략적으로 말해 '무한히 긴 자'라고 생각해도 상관없습니다. 실수에는 유리수와 무리수가 있습니다. 유리수라는 것은 분수를 말합니다.

1, 2, 3, 4, ……라는 번호 전체를 자연수라고 합니다. 한국과 일본에서는 1 이상의 정수를 자연수라고 합니다.* 자연수를 '유리수의 특별한 경우'라고 말할 수도 있습니다. 이를테면 5라는 수는 $\frac{5}{1}$로 표현할 수 있지요. 그러한 의미에서 자연수는 유리수의 특별한 경우입니다.

....

* 프랑스에서는 0 이상의 정수가 자연수입니다. 관습에 미묘한 차이가 있는 것이지요. 수학 논문에서는 보통 틀림이 없도록, 정확한 정의를 제시하고 나서 정리를 기술해나갑니다.

$\sqrt{2}$ 나 원주율 π 는 유리수가 아닙니다. 유리수가 아닌 수를 무리수라고 합니다.

머릿속을 정리하기 위해 무한에 관해서도 그림으로 살펴봅시다.

사실 무한의 세계를 정리해보면 〈그림 150〉과 같은 계층 구조가 만들어집니다. 무한에는 '셀 수 있는 무한'과 '셀 수 없는 무한'의 두 종류가 있습니다. 대략적으로 말해서 '셀 수 있는 무한'의 위 계층에 '셀 수 없는 무한'이 놓여 있는 모습입니다. 이 절에서는 〈그림 150〉 중 두 개의 타원 모양으로 둘러싼 부분을 설명하겠습니다.

그런데 무한이라는 것은 무엇일까요? 또 '셀 수 있는 무한'과

그림 150 · 무한계의 계층 구조

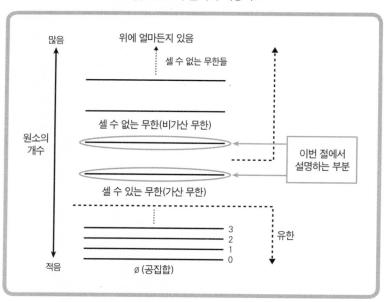

'셀 수 없는 무한'은 도대체 무엇일까요? 이것이 바로 이 절의 주제입니다. 여기서 먼저 '셀 수 있는 무한'에 관해 생각해봅시다.

무언가를 셀 때 필요한 것은 무엇일까요? 그것은 '번호'입니다. 왜냐하면 집합 A의 원소를 '셀 수 있다'고 하는 것은 A의 '모든 원소에 중복하지 않고 번호를 매길 수 있다'는 것을 의미하기 때문입니다. 이를테면 짝수 전체 2, 4, 6, 8, ……에 대하여 2에 1번, 4에 2번, 6에 3번, 8에 4번, ……과 같은 식으로 번호를 매겨나가면, 어떤 짝수라도 번호가 붙여집니다. 전혀 중복되지 않습니다. 마찬가지로 홀수 전체도 '셀 수 있는 무한'입니다.

분수는 어떨까요? 분수 전체*는 무한히 많이 있다는 것은 알고 있습니다. 그런데 그것을 셀 수 있을까요? '셀 수 있다'는 것은 앞에서 말한 것과 마찬가지로 '분수 전체에 번호를 매겨나갈 수 있다'라는 의미입니다.

$\frac{3}{5}$이라는 분수를 예로 들어 생각해봅시다. 이것은 3과 5라는 두 개의 숫자로 만들어져 있지요. 이런 관점에서 보면 '두 정수의 짝으로 만들어지는 것이 분수이다'라고 표현할 수 있습니다.

그러면 모든 분수의 개수를 세기 위해서는, 두 정수로 만들어지는 짝의 개수를 세면 될까요?

여기에는 약간의 문제가 있습니다. 이를테면 $\frac{3}{5}$은 $\frac{6}{10}$이나 $\frac{9}{15}$

----

* 음수도 있지만 여기서는 양수만을 생각합니다. 음수까지 생각하더라도 본질적으로는 같습니다.

그림 151 · 분수에 번호를 매긴다

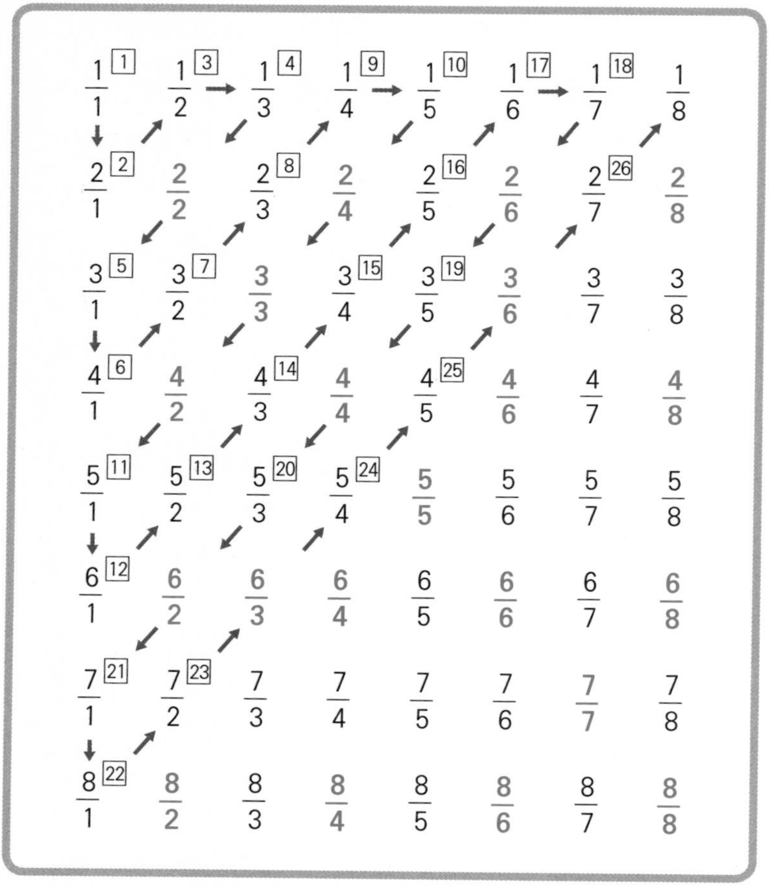

$$\frac{1}{1}\boxed{1} \quad \frac{1}{2}\boxed{3} \quad \frac{1}{3}\boxed{4} \quad \frac{1}{4}\boxed{9} \quad \frac{1}{5}\boxed{10} \quad \frac{1}{6}\boxed{17} \quad \frac{1}{7}\boxed{18} \quad \frac{1}{8}$$

$$\frac{2}{1}\boxed{2} \quad \frac{2}{2} \quad \frac{2}{3}\boxed{8} \quad \frac{2}{4} \quad \frac{2}{5}\boxed{16} \quad \frac{2}{6} \quad \frac{2}{7}\boxed{26} \quad \frac{2}{8}$$

$$\frac{3}{1}\boxed{5} \quad \frac{3}{2}\boxed{7} \quad \frac{3}{3} \quad \frac{3}{4}\boxed{15} \quad \frac{3}{5}\boxed{19} \quad \frac{3}{6} \quad \frac{3}{7} \quad \frac{3}{8}$$

$$\frac{4}{1}\boxed{6} \quad \frac{4}{2} \quad \frac{4}{3}\boxed{14} \quad \frac{4}{4} \quad \frac{4}{5}\boxed{25} \quad \frac{4}{6} \quad \frac{4}{7} \quad \frac{4}{8}$$

$$\frac{5}{1}\boxed{11} \quad \frac{5}{2}\boxed{13} \quad \frac{5}{3}\boxed{20} \quad \frac{5}{4}\boxed{24} \quad \frac{5}{5} \quad \frac{5}{6} \quad \frac{5}{7} \quad \frac{5}{8}$$

$$\frac{6}{1}\boxed{12} \quad \frac{6}{2} \quad \frac{6}{3} \quad \frac{6}{4} \quad \frac{6}{5} \quad \frac{6}{6} \quad \frac{6}{7} \quad \frac{6}{8}$$

$$\frac{7}{1}\boxed{21} \quad \frac{7}{2}\boxed{23} \quad \frac{7}{3} \quad \frac{7}{4} \quad \frac{7}{5} \quad \frac{7}{6} \quad \frac{7}{7} \quad \frac{7}{8}$$

$$\frac{8}{1}\boxed{22} \quad \frac{8}{2} \quad \frac{8}{3} \quad \frac{8}{4} \quad \frac{8}{5} \quad \frac{8}{6} \quad \frac{8}{7} \quad \frac{8}{8}$$

등과 같습니다. 이것들은 모두 '약분하면 $\frac{3}{5}$'이 되기 때문입니다. 그러므로 약분하여 $\frac{3}{5}$이 되는 분수는 모두 '$\frac{3}{5}$과 같은 수'라고 보아야 합니다.

이 점에 주의해서 분수에 번호를 매겨나가 봅시다(그림 151).

$1=\dfrac{1}{1}$ 부터 순서대로 하나씩 번호를 붙여나갑니다. 〈그림 151〉은 아래로 한 칸씩 내려가면 분자가 1씩 늘어나고, 오른쪽으로 한 칸씩 옮겨가면 분모가 1씩 늘어나는 구조입니다. $\dfrac{1}{1}$: ① → $\dfrac{2}{1}$: ② → $\dfrac{1}{2}$: ③ → $\dfrac{1}{3}$: ④ → $\dfrac{2}{2}$: 이것은 1이므로 번호 없음 → $\dfrac{3}{1}$: ⑤와 같은 방식입니다.* 〈그림 151〉에서 파란색 글씨로 쓰인 분수는 이미 그 앞에 번호가 매겨진 같은 수가 있으므로, 번호를 붙이지 않고 건너뛰었습니다.

이처럼 번호를 매겨나가면, 이를테면 $\dfrac{3}{4}$ 은 15번째 유리수임을 알 수 있습니다. 물론 유리수는 무한히 많이 있겠지만 모든 수에 번호를 붙일 수 있습니다. 즉, 분수는 '셀 수 있는' 무한임을 알 수 있습니다.

셀 수 없는 무한

그러면 '셀 수 없는 무한'이란 무엇일까요? '셀 수 없는 무한'에 관해서 알아보기 위해 여기서

'0과 1 사이에 있는 실수 전체를 셀 수 있을까?'

------

* 번호를 매기는 다른 방법도 있습니다. 이것은 한 가지 예일 뿐입니다.

하는 문제를 생각해봅시다.

그런데 이 문제는 상당히 어려워서 정면으로 부딪혀서는 해결할 수 없습니다. 그래서 일단 '셀 수 있다'고 가정하고, 모순이 생기는지 살펴봅시다. 만일 무언가 모순이 있다면, '셀 수 있다'는 가정에 잘못된 점이 있다는 것이므로 '실수 전체는 셀 수 없다'가 됨을 알 수 있기 때문입니다.

이와 같은 방법은 수학에서 자주 사용하는 일상적인 수단으로서 '귀류법'이라고 합니다. 귀류법이란, 어떤 것을 증명하기 위해 일부러 그것을 부정하고, 모순을 이끌어내어 원래의 명제가 올바르다는 것을 보여주는 증명법입니다.

이제 귀류법을 사용해봅시다.

0과 1 사이에 있는 실수 전체를 A라는 기호로 나타냅니다. A에 속하는 수 하나를 소수로

$$0.95232220023798757130981940108300985018\cdots\cdots$$

과 같이 나타내도록 하겠습니다(이 숫자에 특별한 의미는 없습니다). 그러면 각 자리에는 0, 1, 2, 3, 4, 5, 6, 7, 8, 9 중 어느 하나가 들어가네요. 도중에 끊어진 소수의 경우에는 끊어진 곳부터는 00000⋯⋯처럼 0이 무한히 나열되어 있을 것입니다.

귀류법을 사용하기 위해서 일단 'A에 속하는 수에 번호를 매길 수 있다'고 가정해봅시다. 즉, 아래와 같이 가정하는 것입니다.

맨 처음의 가정, '0과 1 사이에 있는 실수 전체는 셀 수 있다.'

만일 결과적으로 모순이 도출된다면 이 가정은 거짓임을 알 수 있습니다.

번호를 매긴 것들은 번호 순서대로 나열할 수 있습니다. A의 원소를

$$1번째의 실수 = 0.a_1 a_2 a_3 a_4 a_5 \cdots\cdots$$
$$2번째의 실수 = 0.b_1 b_2 b_3 b_4 b_5 \cdots\cdots$$
$$3번째의 실수 = 0.c_1 c_2 c_3 c_4 c_5 \cdots\cdots$$
$$4번째의 실수 = 0.d_1 d_2 d_3 d_4 d_5 \cdots\cdots$$
$$5번째의 실수 = 0.e_1 e_2 e_3 e_4 e_5 \cdots\cdots$$

와 같이 나열합니다. a_1이나 d_3 등에는 0에서 9까지 중에서 어떤 숫자가 들어 있습니다. 0에서 9까지의 숫자가 쓰여 있는 카드가

그림 152 • 실수를 나열한 이미지

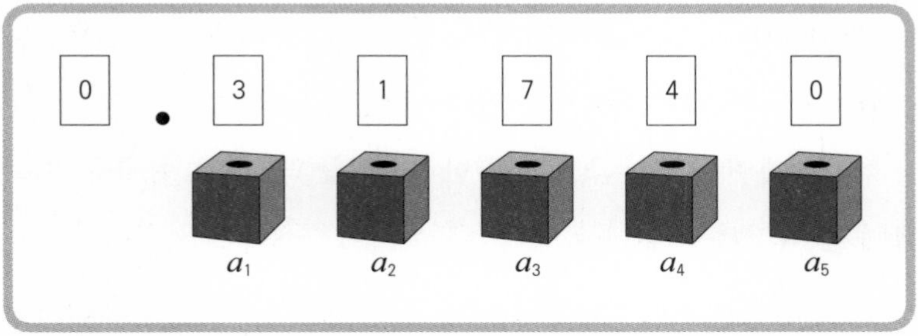

들어 있는 상자를 생각해보세요(그림 152).

〈그림 152〉에서 a_1과 같은 기호를 그대로 쓴 까닭은 구체적으로 어떤 번호를 매기는 것이 불가능하기 때문입니다. 즉, 첫 번째의 실수, 두 번째의 실수, ……가 각각 구체적으로 어떤 수인지를 표시하는 것이 불가능합니다. 따라서 여러분이 수를 확실히 상상할 수 없다고 해도, 그것은 자연스러운 일입니다.

이처럼 실수를 나열하고 나서 정확히 대각선 위에 있는 숫자(파란 글씨)를 주의 깊게 살펴봅시다.

$$1번째의 실수 = 0.\boldsymbol{a_1}\, a_2\, a_3\, a_4\, a_5 \cdots\cdots$$
$$2번째의 실수 = 0.b_1\, \boldsymbol{b_2}\, b_3\, b_4\, b_5 \cdots\cdots$$
$$3번째의 실수 = 0.c_1\, c_2\, \boldsymbol{c_3}\, c_4\, c_5 \cdots\cdots$$
$$4번째의 실수 = 0.d_1\, d_2\, d_3\, \boldsymbol{d_4}\, d_5 \cdots\cdots$$
$$5번째의 실수 = 0.e_1\, e_2\, e_3\, e_4\, \boldsymbol{e_5} \cdots\cdots$$

0~9 사이에 있는 수 가운데 a_1과 다른 수를 하나 골라 x_1이라고 합니다. 어떤 수를 택할지는 분명하지 않으므로 여기서 a_1이 1이라면 $x_1 = 2$, a_1이 1이 아니라면 $x_1 = 1$이라고 합시다. 이와 같은 방법으로 b_2가 1이라면 $x_2 = 2$, b_2가 1이 아니라면 $x_2 = 1$이라 하고, c_3이 1이라면 $x_3 = 2$, c_3이 1이 아니라면 $x_3 = 1$이라 합시다. 가령 실수를 나열했을 때

$$1번째의\ 실수 = 0.1\underline{4}567\cdots\cdots$$
$$2번째의\ 실수 = 0.3\underline{2}491\cdots\cdots$$
$$3번째의\ 실수 = 0.12\underline{5}22\cdots\cdots$$
$$4번째의\ 실수 = 0.324\underline{3}5\cdots\cdots$$
$$5번째의\ 실수 = 0.2154\underline{1}\cdots\cdots$$

과 같이 되었다고 한다면

$$x = 0.21112\cdots\cdots$$

와 같이 하여 x를 결정해갑니다. 그다음도 마찬가지로 하여 x_6 이후를 결정하고, 이를 나열하여

$$x = 0.x_1 x_2 x_3 x_4 x_5 \cdots\cdots$$

라는 수를 만듭니다. 그러면 어떤 일이 일어날까요?

이 수는 A에 들어 있지 않게 됩니다. 놀랍네요.

왜냐하면 x가 A에 들어 있다고 하면, 어쨌든 100번째나 1,327번째처럼 어떤 번호가 매겨진 실수와 일치할 것입니다. 그런데 만일 지금 x가 n번째의 실수와 일치한다고 하면, 소수점 아래 n번째에 있는 숫자도 일치해야 합니다. 하지만 x는 그렇게 되도록 만들어져 있지 않습니다. 왜냐하면 n번째 실수의 소수점 아래 n번째 숫자와 x의 소수점 아래 n번째 숫자는 다르게 만들었기 때문입니다.

이런 의미에서 x는 0과 1 사이의 수이기는 하지만 A에는 들어

가지 않게 됩니다. 이는 모순이네요.

즉, 맨 처음의 가정인

'0과 1 사이의 실수 전체는 셀 수 있다'

는 틀린 것이 됩니다. 그러므로 집합 A의 원소는 셀 수 없다는 결론에 이르게 됩니다.

여기서 사용한 논법을 '대각선 논법'이라고 부릅니다. 정확히 대각선에 놓인 숫자를 선택하므로 이런 이름이 붙여졌습니다.* 이것은 계산기 과학에서도 사용되는 등, 응용 범위가 넓은 방법입니다.

실수나 유리수, 어느 쪽이나 '무한히 많이 있다'는 것은 틀림없습니다. 하지만 실수는 '셀 수 없을 정도로 많다'이고 유리수는 '셀 수 있을 정도로 많다'입니다.

실수는 셀 수 없다고 하는 이 정리는 '무한이 한 종류가 아니다'라는 것을 분명히 한 세계 최초의 결과였습니다.

....

* 대각선 논법이 아무래도 납득이 되지 않는다는 사람이 있을지도 모르겠습니다. 저도 그중 한 사람으로서, 왠지 속았다는 기분이 들기도 합니다. 일본인으로는 처음으로 필즈상을 받은 천재 수학자 고다이라 구니히코(小平邦彦)도 《수학을 배우는 방법(1987)》에서 그런 느낌이 든다고 고백하고 있고, 보렐-르베그(Borel-Lebesgue)의 피복정리(被覆定理, covering theorem)를 사용한 다른 증명을 제시하고 있습니다. 분명히 이쪽이 덜 속는 것 같습니다. 관심이 있는 사람은 그 책을 봐주십시오. 납득이 되지 않는 것은 수학적 감성이 풍부하기 때문일지도 모릅니다.

부정할 수도
긍정할 수도 없는 명제

3월 18일

"이지에 치우치면 모가 난다. 감정에 말려들면 낙오하게 된다.

고집을 부리면 외로워진다. 아무튼 인간 세상은 살기 어렵다."

나츠메(夏目)*의 '풀베개(草枕)'에서.

인간 세상을 멀리서 바라보면 안개에 싸인 것 같은 생각이 든다.

무엇이 올바르고, 무엇이 그른지가 분명하게 구별되지 않는다.

그러면 수학은 어떨까? 수학의 세계에서는 정답이 하나로

결정되고, 흑백이 확실해진다. 모호함을 용납하지 않는 것이

인간적이지 못하고 냉정하다고 말하는 사람도 있지만, 길고 긴

계산을 끝내고, 딱 맞는 답을 얻었을 때의 기쁨 또한 각별하다. 증명

문제도 논리를 좇아 신중하게 생각해보면 틀림없이 옳다는 것을

알게 된다. '이것은 좀 이상한데'라고 생각되는 증명에서는 반드시

반례가 발견된다. 수학은 이처럼 더없이 깔끔한 세계이다.

---

* 나츠메 소세키(夏目漱石, 1867-1916): 일본의 소설가, 평론가, 영문학자. - 옮긴이

칸토어의 발견

마침내 마지막 절이네요. 마지막은 세기의 난제입니다.

그림 153 · 게오르크 칸토어

공간을 채우는 곡선을 다룬 절에서 언급했던 '힐베르트의 23가지 문제'. 그 가운데 첫 번째 문제로 거론되고 있는 '연속체 가설(連續体仮說)'을 소개하고자 합니다.*

독일에서 활동했던 수학자 게오르크 칸토어는 1845년 3월 3일 러시아 상트페테르부르크에서 태어났습니다.

칸토어가 생각했던 연속체 가설은

'셀 수 있는 무한과 셀 수 없는 무한 사이에는

아무것도 존재하지 않는다'

라는 것이었습니다.

〈그림 154〉를 보십시오. 연속체 가설이란 (유리수처럼) 셀 수 있는 무한(가산 무한)과 (실수처럼) 셀 수 없는 무한(비가산 무한) 사이

....

* 이 절의 내용은 과학사, 수학사를 전문으로 하는 역사가 도벤(Joseph W. Dauben) 이 쓴 「게오르크 칸토어와 초한집합론을 위한 싸움」("Georg Cantor and the Battle for Transfinite Set Theory", *Proceedings of the 9th ACMS Conference*(Westmont College, Santa Barbara, CA): 1-22. Internet version published in Journal of the ACMS 2004)이라는 논문에 바탕을 두고 있습니다.

그림 154 · 연속체 가설

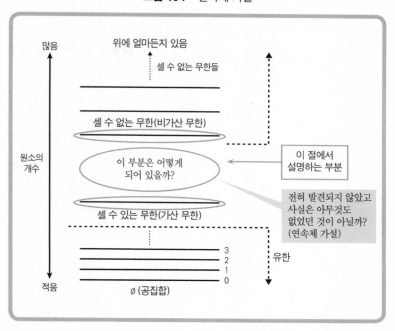

에 '적당히 많은 무한은 존재하지 않는다'라는 가설입니다. 또한 이 밖에도 '일반 연속체 가설'이라는 매우 비슷한 이름의 가설이 있는데, 이것은 '더 높은 단계에서도 마찬가지로 각각의 단계 사이에는 아무것도 존재하지 않는다'는 것을 의미합니다.

집합의 농도

칸토어는 왜 연속체 가설과 같은 생각에 이르게 되었을까요? 우선 앞 절의 내용과 그 전제가 되는 지식을 떠올려봅시다.

앞의 절(셀 수 있는 무한…)에서 '실수는 셀 수 없다'는 것을 알 수 있었습니다. 모든 실수에 하나하나 번호를 붙일 수 없다는 것입니다. 실수처럼 번호를 붙일 수 없는 (어마어마하게 많아서 번호를 붙이고 붙여도 충족되지 않는) 집합을 '비가산 집합'이라고 합니다.

'번호를 붙일 수 있다'는 것은 '자연수 집합과 모자라거나 남는 것 없이 일대일로 대응한다'는 의미입니다. 〈그림 151〉에 있는 것처럼 유리수의 경우에는 번호(자연수)를 하나 선택하면 대응하는 유리수가 하나 결정되고, 거꾸로 유리수를 하나 선택하면 하나의 번호가 결정됩니다. 이를테면 8번째의 유리수는 $\frac{2}{3}$이고, 이것 이외의 유리수는 8번째 것이 아닙니다. 거꾸로 $\frac{3}{5}$이라는 유리수를 선택하면 19번째 것임을 알 수 있습니다. 이것이 '모자라거나 남는 것 없이 일대일로 대응한다'는 의미입니다.

이것들을 바탕으로 두 집합 A와 B 사이에 일대일 대응이 성립할 때, 두 집합의 '농도가 같다'고 합니다. 즉, 농도라는 것은 '개수'의 일반화이고 기호로는 A~B로 나타냅니다. **A, B가 유한집합(원소의 개수가 유한인 집합)일 때는 양쪽에 있는 원소의 개수가 같을 때만 $A \sim B$가 됩니다.**

또한 이 경우의 '농도'는 소금물 같은 것에서 말하는 농도와 다르다는 데에 주의해야 합니다. 왜냐하면 몇 퍼센트라고 하는 것 같은 비율을 확장한 개념이 아니라, 개수를 확장한 개념이기 때문입니다.

그림 155 · 사과와 귤

그림 156 · 짝을 지음

다만, 개수와 같이 '몇 개'라고 수를 세는 것이 아니라, 일대일대
응(짝을 만듦)이라는 사고법을 확장한 개념입니다.

조금 이해하기 어려울지도 모르겠지만, 이런 얘기입니다. 〈그림
155〉에는 사과와 귤이 그려져 있습니다. 사과와 귤은 개수가 같을
까요?

왜 아이들에게 하듯이 묻는 걸까요? 사과가 5개이고 귤이 4개

이므로 개수는 다르다고 답하게 되네요. 그런데 아직 수를 알지 못하는 아이에게 개수의 차이를 가르치고자 하는 경우라면 어떻게 해야 할까요? 수를 알지 못하므로 5개와 4개라는 설명은 쓸모가 없습니다.

이 경우에는 사과와 귤을 짝지어보라고 설명하는 것이 효과가 있겠지요.

〈그림 156〉처럼 짝을 지어가면 어떻게 해도 짝을 이루지 못하는 것(사과)이 나옵니다. 그러므로 사과와 귤의 개수는 다르다고 설명할 수 있습니다. 집합의 '농도'는 이와 같이 '짝을 짓는다'고 하는 사고방식을 무한으로 확장한 것입니다.

본래의 이야기로 되돌아가봅시다. 농도라는 말을 사용하면 '가산 집합이란, 자연수 전체로 이루어진 집합과 농도가 같은 집합이다'라고 표현할 수 있습니다.

또 앞 절에서 알게 된 사실로부터 '자연수 전체의 농도와 실수 전체의 농도는 같지 않다'라고 바꾸어 말할 수도 있습니다. 단순히 '무한히 많다'고 말하는 것으로는 '자연수의 많음'과 '실수의 많음'을 구별할 수 없지만, 농도라는 개념을 이용하면 그러한 상태를 그림으로 나타내어 구분하는 것처럼 머릿속에 떠올릴 수 있습니다.

그런데 농도는 어떻게 표현할까요?

개수의 경우에는 이를테면 100개라든지 5,678개와 같이 '개'라는 단위를 사용하고, 농도의 경우는 별도의 단위를 씁니다. 바로 히브리 문자에서 맨 처음에 나오는 알레프 $\aleph$ 라는 문자입니다. 자연수 집합의 농도를 $\aleph_0$(알레프 제로), 실수 집합의 농도를 $\aleph_1$ 또는 $\aleph$로 나타냅니다. $\aleph_0$를 '가산 농도', $\aleph_1$을 '연속체 농도'라고 부르기도 합니다.

또한 개수라는 개념에는 (사과 3개와 사과 5개에서는 사과 5개인 쪽이 많다고 말하는 것처럼) 대소 관계가 있습니다. 사실 농도에도 대소 관계가 있습니다. 왜냐하면 농도는 '개수의 개념을 일반화한 것'이기 때문입니다. 예를 들어 자연수와 실수의 경우를 생각해보면, 자연수는 실수에 포함되고, 동시에 (앞 절의 사실에 따르면) 양쪽은 같지 않습니다. 이것을 '$\aleph_0$ 보다 $\aleph_1$이 크다'고 표현할 수 있습니다.

연속체 가설과 씨름하기

지금까지 전제로 알고 있어야 할 지식을 알아보았습니다. 이제부터는 드디어 본래 문제였던 연속체 가설에 대한 이야기로 들어가겠습니다.

'가산 농도와 연속체 농도 사이의 농도를 가지는 집합은 없다'

라는 것이 연속체 가설입니다.

$$\aleph_0 < \aleph_? < \aleph_1$$

가 되는 농도는 정말 없는 것일까요?

실수에서 예를 들어 말하면 0과 1 사이에는 0.5나 0.98과 같은 수가 있습니다. 그렇다면 알레프 0.5($\aleph_{0.5}$)와 같은 것이 있을 수 있을까요? 그게 아니면 $\aleph_0$와 $\aleph_1$ 사이에는 아무것도 존재하지 않는 걸까요?

가산 농도보다도 클 것 같은 집합이 있는지 없는지 잠깐 살펴보겠습니다.

유리수의 집합은 가산 집합이었습니다. 그러나 $\sqrt{2}$와 같은 수는 유리수가 아니고 무리수지요. 그럼 무리수를 모두 추가하면 어떻게 될까요?

그렇더라도 $\aleph_0$와 $\aleph_1$ 사이의 농도가 되지 않습니다. 왜냐하면 〈그림 149〉에 있는 것처럼 무리수는 유리수가 아닌 실수로서 이 것들을 모두 추가해버리면 실수 전체가 되어버리기 때문입니다.

정말로 유리수보다 많고 실수보다는 적은, 이처럼 미묘하게 조절된 집합이 존재하는 것일까요?

'유리수 전체는 셀 수 있다'는 것과 '실수 전체는 셀 수 없다'는 것만으로 연속체 가설이 성립한다고 할 수는 없습니다. 물론 칸토어는 신중한 사람이므로 이것만으로 연속체 가설을 확신하지는 않았습니다. 중간 집합이 정말로 없다는 것을 확인하기 위해 그는 날마다 수와 씨름했습니다.

칸토어가 연속체 가설을 확신하는 데에 이르는 중요한 상황 증거로서 (1) 대수적인 수(algebraic number) 전체가 가산 집합이 되는 것, (2) 길이가 0인데도 실수 집합과 같은 농도를 가지는 칸토어 집합*이 존재하는 것입니다.** 다음에서 이 두 가지를 간단히 소개해보겠습니다.

먼저 (1)부터. 대수적인 수라는 것은 대수방정식의 해가 되는 수를 말합니다. 대수방정식이라는 것은 $3x^3 + x + 7 = 0$과 같이 계수가 모두 정수인 방정식'입니다. 대수적인 수 전체는 유리수(분수)를 모두 포함합니다. 이를테면 $\frac{12}{35}$는

$$35x - 12 = 0$$

의 해가 되지요. 같은 방법으로 어떤 분수든 대수적인 수가 되는 것을 알 수 있습니다. $\sqrt{2}$와 같은 수는 확실히 무리수인데, $\sqrt{2}$는 제곱하여 2가 되는 수이므로 $x = \sqrt{2}$는

$$x^2 = 2$$

라는 방정식을 만족합니다. 즉, $\sqrt{2}$는 대수적인 수입니다. 대수방정식은 얼마든지 복잡해질 수 있으므로 대수적인 수는 아주 복잡한 수를 포함하고 있습니다. 이를테면 다음과 같은 수도 대수적인

---

* 칸토어 집합이라는 이름에 대해 말하자면, 그 집합을 맨 처음 발견한 사람은 칸토어가 아니라고 합니다. 칸토어의 논문에 이 집합이 언급된 것은 1883년이지만, 1874년에 헨리 스미스(Henry J. S. Smith)가 쓴 논문 "On the integration of discontinuous functions," Proceedings of the London Mathematical Society, Series 1, vol. 6, 140-153에 칸토어 집합이 나타나 있습니다. 더욱이 폴 뒤부아-레몽(Paul du Bois-Reymond), 비토 볼테라(Vito Volterra)는 칸토어보다 먼저 이 집합을 발견했다고 합니다.

** 이것은 수학에서만 관념적으로 집착하는 집합이 아니고, 물리학에도 등장하는 것으로 실제 존재합니다. 이를테면 2011년 노벨 화학상을 받은 셰흐트만(Dan Shechtman, 1941-)이 발견한 '준결정(準結晶, quasicrystal)'이라는 물질의 수학 모델(정확하게는 1차원 준결정의 음향 양자(또는 음량자) 스펙트럼(phonon spectrum)을 표현하는 모델)의 에너지 준위 집합은 칸토어 집합과 같은 것임이 증명되고 있습니다.

수입니다.

$$\sqrt{\dfrac{\sqrt[3]{2792+\sqrt[7]{8487749}}}{\sqrt{168187}+\dfrac{\sqrt[8]{8783}}{389992}}}$$

이렇게 만들어지는 모든 대수적인 수는 유리수보다는 훨씬 더 많을 것입니다. 그렇다고 해도 π 같은 무리수는 들어가지 않으므로* 대수적인 수 전체는 유리수와 실수 사이의 적당한 위치에 놓여 있는 것은 아닐까요? 즉, $\aleph_0$보다 크고 $\aleph_1$보다 작은 농도를 가지는 것은 아닐까요? 만약 그렇다면 연속체 가설을 부정하는 근거가 될 것입니다.

그러나 이 아이디어는 채택되지 않았습니다. 칸토어 자신이 대수적인 수 전체가 가산 집합이라는 것을 증명했기 때문입니다. 대수적인 수 전체는 터무니없이 복잡한 수를 포함하지만, 번호를 부여할 수 있게 되어버리는 것입니다.**

다음으로 (2)입니다. 〈그림 157〉을 봐주십시오. 이것은 '0부터 1까지의 길이가 1인 수직선을 3등분한 뒤 가운데 있는 선분을 제거하고 양쪽에 있는 두 선분은 남겨둔다'는 조작을 그림으로 나타

---

* π가 대수적인 수가 아니라는(초월수(超越數, transcendental number)라는) 것은 1882년 독일의 수학자 린데만(Carl Louis Ferdinand von Lindemann, 1852-1939)이 증명했습니다. 1885년에 같은 독일 출신의 수학자 바이어슈트라스(Karl Theodor Wilhelm Weierstraß, 1815-1897)가 증명을 단순화했습니다. 결과는 매우 유명하지만, 수학자 중에도 증명을 모르는 사람이 많은 정리의 하나입니다.

낸 것입니다. 칸토어 집합은 이 조작을 무한히 되풀이해 만든 집합입니다.

칸토어 집합의 길이가 0이라는 것은 다음과 같이 생각해보면 알 수 있습니다. 곧, 길이 1인 선분을 3등분한 것 중에서 하나를 제거하면 제2단계의 집합의 길이는 $1-\dfrac{1}{3}=\dfrac{2}{3}$가 됩니다. 그다음 집합은 남은 2개의 선분을 다시 3등분하고 가운데 선분을 제거한 것이므로, 그 길이는 $\dfrac{2}{3}-2\times\dfrac{1}{9}=\dfrac{4}{9}$입니다. 같은 방법으로 계산해가면 마지막에는 길이가 0이 되는 것입니다.***

길이가 0이라는 것은 속이 비어서 실수보다 꽤 밀도가 낮은 느낌이 드네요. 가산 집합은 아닌 것 같고 실수보다도 적은 느낌이

....

** 대수방정식은 일반적으로 $a_n x^n+a_{n-1} x^{n-1}+\cdots\cdots + a_0 = 0$ 이라는 형태를 띱니다. 여기서는 대수적인 수 x가 이 대수방정식을 만족한다고 합시다.
이 가운데에 차수가 가장 작은 것을 선택하고, 그다음에 대수방정식의 차수 n과 계수의 절댓값을 모두 더한 것을 생각합니다.

$$n + | a_0 | + | a_1 | + \cdots\cdots + | a_n |$$

이것을 그 대수적인 수의 '높이'라고 합니다. 이를테면 $\sqrt{2}$는 $x^2-2=0$을 푼 것으로, 높이 5의 대수적인 수입니다. 높이를 고정하여 생각해봅시다. 높이가 0, 1이 되는 대수방정식은 없습니다. 높이가 2인 대수방정식은 $x=0$뿐입니다. 즉, 높이가 2가 되는 대수적인 수는 0뿐입니다. 높이가 3인 방정식은

$$x^2=0,\ 2x=0,\ x+1=0,\ x-1=0$$

의 4개뿐이므로, 앞에서 언급한 높이가 2인 대수적 수가 되는 0이 중복됩니다. 이것을 제외하면 높이 3인 대수적인 수는 1, −1의 2개가 됩니다. 이처럼 높이를 고정하면 대응하는 대수방정식은 유한개뿐입니다. 당연히 그 해도 유한개입니다. 그러므로 높이가 작은 쪽부터 대수적인 수를 나열해보면, 대수적인 수에 모두 번호를 붙일 수 있습니다. 그러므로 대수적인 수는 가산 집합이 됩니다.

*** $1-\dfrac{1}{3}-\dfrac{2}{9}-\dfrac{4}{27}-\cdots\cdots = 1-\dfrac{1}{2}(\dfrac{2}{3}+\dfrac{4}{9}+\dfrac{8}{27}+\cdots\cdots) = 1-\dfrac{1}{2}\times\dfrac{\dfrac{2}{3}}{\left(1-\dfrac{2}{3}\right)} = 1-1=0$

그림 157 · 칸토어 집합

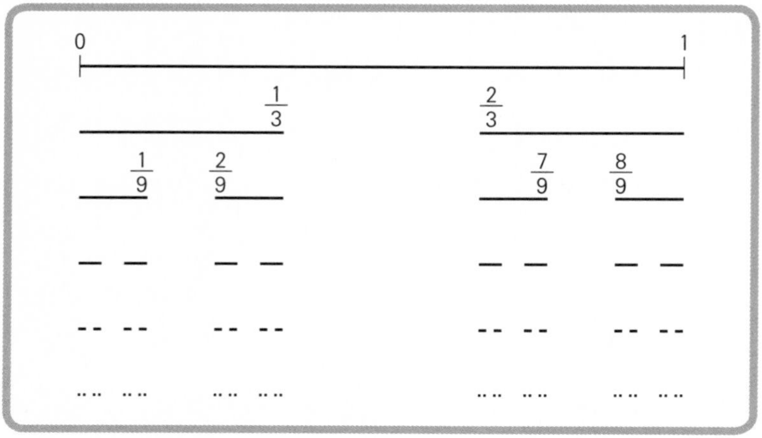

듭니다. 연속체 가설에 대한 반례가 되는 것은 아닐까요?

하지만 결국 이 아이디어도 채택되지 않았습니다. 왜냐하면 칸토어 집합은 실수와 일대일대응이 되어버리기 때문입니다.

〈그림 158〉은 0에서 1까지의 수를 3진법의 (소)수로 나타낸 것입니다. 각각의 자릿수에 0, 1, 2가 각각 나타날 때, 1이 되는 곳을 모두 제거해가면 이처럼 될 거라고 생각합니다.

칸토어 집합은 '3진법으로 나타냈을 때, 각 자릿수에 0과 2밖에 나타나지 않는 수 전체'입니다. 그러나 0을 0에, 2를 1에 대응시키면, 이것은 0부터 1까지의 수를 2진법으로 나타낸 것, 즉 0에서 1까지의 모든 수와 남김없이 일대일로 대응합니다. '곡선으로 정사각형을 채울 수 있을까'에서는 0에서 1까지의 수를 4진법으로 나타냈으나, 여기서는 이를 3진법으로 표현한 것이 됩니다.

그림 158 · 3진법의 (소)수로 표현하면 어떻게 될까?

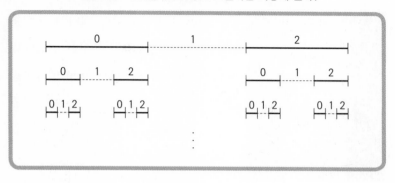

이처럼 가산 집합이 아니면서 실수 집합보다도 농도가 작은 것은 좀처럼 발견할 수 없었습니다. 한편, 칸토어 집합은 길이가 0이고 농도가 매우 낮은 것처럼 보이지만 실수와 같은 농도를 가지고 있습니다.

칸토어는 이러한 상황 증거를 근거로 하여 '$\aleph_0$와 $\aleph_1$ 사이에 들어가는 농도를 가진 집합은 사실 존재하지 않는 것이 아닐까?'라는 연속체 가설을 세상에 물었던 것입니다.

연속체 가설이 모양을 갖춘 것은 1883년입니다. 그러나 가설이 올바르다는 것은 좀처럼 증명하지 못했으며, 반례도 들지 못했습니다. 중간 농도를 가진 집합을 도저히 구성하지 못한 것입니다. 1884년 초에는 가설이 올바르다는 것을 증명할 수 있다고 생각했다가, 며칠 지나지 않아 가설이 잘못되었음을 증명했고, 나중에 또 다시 틀렸다는 증명조차 잘못되었다는 것을 인식하는 식이었습니다. 칸토어는 연속체 가설을 증명하기 위해 계속 안달을 하였습니다.

사실 당시의 수학계에서는 연속체 가설은커녕 칸토어의 대각선 논법조차 그다지 인정받지 못하고 있었습니다. 그의 업적을 막무가내로 인정하려고 하지 않던 수학자 중에 보수적인 독일 수학계의 거장 크로네커*가 있었습니다.

크로네커는 칸토어를 '과학의 사기꾼, 배신자, 타락한 청년'이라고 매도하고 인신공격까지 했다고 전해집니다. 그러나 칸토어는 멈추지 않았습니다. 그는

'지금, 당신들에게 보이지 않는 것이
명확히 나타날 때가 올 것입니다.'**

라는 말을 남겼습니다.

▌직감을 뒤엎는 결말

마치 끝이 없다고 생각되었던 연속체 가설을 둘러싼 싸움, 그것은 전혀 뜻밖의 모습으로 종지부를 찍었습니다. 1940년, 불완전성 정

---

* 레오폴트 크로네커(Leopold Kronecker, 1823-1891): 독일의 수학자. - 옮긴이
** The time will come when these things which are now hidden from you will be brought into the light.

리로 유명한 괴델***에 의해 ZFC로부터

그림 160 · 쿠르트 괴델

'연속체 가설의 부정을 증명하는 것은 불가능하다'

는 것이 증명되었습니다. ZFC란 체르멜로(Zermelo)-프렝켈(Fraenkel)의 선택공리(Axiom of Choice)의 앞 글자를 딴 것으로 수학에서 논쟁의 출발점이 된 가정입니다.

'연속체 가설이 틀렸다는 것은 증명할 수 없다'는 것은 무슨 말일까요? 틀렸다고 말할 수 없다면 올바르다고 말해도 되는 것은 아닐까요?

하지만 그 사고법도 깨졌습니다. 1963년에 코언****은 강제법(forcing)이라고 일컬어지는 방법을 이용해 이번에는 ZFC로부터

'연속체 가설을 증명하는 것은 불가능하다'

는 것을 증명했습니다.***** 참으로 획기적인 업적이었습니다. 1966년

....

*** 쿠르트 괴델(Kurt Gödel, 1906-1978): 오스트리아의 수학자. 미국에서 활동함. - 옮긴이
**** 폴 J. 코언(Paul Joseph Cohen, 1934-2007): 미국의 수학자. - 옮긴이
***** 그렇지만 이것으로 연속체 가설의 참과 거짓에 관한 문제가 완전히 해결되었다고 말하는 것은 앞뒤를 헤아리지 못한 판단이라는 생각이 듭니다. 코언이 증명한 것은 'ZFC 집합론에 모순이 없다면, ZFC 집합론에 연속체 가설을 추가하거나 거꾸로 ZFC 집합론에 연속체 가설의 부정을 추가하여도 모순이 없다'라는 것입니다. 어디까지나 'ZFC 집합론에 모순이 없다면'이 전제가 되는 이야기입니다.

에 코언은 이 업적으로 필즈상을 수상했습니다.

괴델의 결과와 코언의 결과를 합하면 '연속체 가설과 ZFC는 독립이다'가 되고, 바꾸어 말하면 'ZFC에 연속체 가설을 더해도, 또는 그 부정을 더해도 모순이 아니다.' 즉,

연속체 가설은 '증명할 수 없고, 그 부정도 증명할 수 없다'

는 것이 증명된 것입니다. 정말 놀라운 결과입니다. 왜냐하면 '언뜻 증명이 가능할 것처럼 보이면서도 올바르다고도 틀렸다고도 말할 수 없는 명제가 존재한다'는 것을 의미하기 때문입니다.

아무리 증명하기 어려운 명제라도 그것이 올바른지, 그게 아니면 어떤 반례를 들 수 있을 것이라는 수학자들의 소박한 직감은 어이없게도 뒤집혀버렸습니다. 연속체 가설의 독립성에 의해서 이성의 한계가 드러나버린 것입니다.*

....

* '원리적인 증명을 할 수 없는' 명제의 존재를 더욱 일반적으로 정식화하여 증명한 것으로 '불완전성 정리'가 있습니다. 괴델이 1930년에 증명한 것으로, 수학을 포함한 광범위한 학문 분야에 커다란 영향을 끼쳤습니다.
불완전성 정리는 비유적으로 이야기되는 것이 많은데, 수리논리학의 이야기는 논리 그 자체를 문제로 삼고 있기 때문에 적절한 비유가 극도로 어렵게 느껴집니다. 이를테면 물리학 이론은 매우 복잡하게 얽혀 있지만, 대상이 실체를 가지고 있기 때문에 비유가 불완전하더라도 대충이나마 올바른 이미지를 파악할 수 있습니다. 실제로 전기, 자기와 같이 눈으로 볼 수 없는 것이라도 가전 제품의 작동이나 간단한 실험을 통하여 간접적으로 떠올릴 수 있습니다. 이에 반해 논리 그 자체는 실체가 없고 거기에 있는 것은 '관계'뿐이므로 비유가 그다지 유효하지 않습니다. 굳이 말하자면, 프로그래밍을 한 경험이 있으면 괴델수와 같은 것을 생각해내는 데 도움이 될 것이라고 생각하지만, 핵심 부분은 역시 쉽게 생각해낼 수 없습니다. 저로서는 이러한 종류의 논의는 공리계를 고정하고 어지간히 빈틈없이 논의하지 않으면 바로 이해할 수 없게 되어버립니다.

연속체 가설을 다루는 집합론은 수학 중에서도 특히 심오한 학문일지도 모릅니다. 수학적 존재와 논리 그 자체를 다루기 때문입니다. 수학의 '심연'이라고 말해도 좋을 것입니다.

칸토어는 정신병원에서 숨을 거두었고** 괴델은 만년에 정신질환을 앓았습니다. 괴델은 있지도 않은 독살 시도를 두려워하여 아내가 마련한 음식 말고는 아무것도 입에 대지 않았고, 독가스로 살해당할 것을 두려워한 나머지 겨울에도 집 창문을 열어놓았다고 합니다. 사람들 앞에는 거의 나서지 않고 철학과 논리학 연구에만 몰두했는데, 어느 날 아내가 입원을 하는 바람에 끼니를 잇지 못해 굶다가 숨을 거두었습니다. 죽을 당시의 몸무게가 겨우 65파운드(약 29.5kg)밖에 되지 않았다고 합니다.

수학자는 쉽게 함락되지 않는 대정리를 증명하기 위해 밤낮을 잊고 도전하는데, 그중에는 원리적으로 증명할 수 없는 것이 포함되어 있다는 것이 이제는 부정할 수 없게 되어버렸습니다.

그래도 수학자가 걸음을 멈추는 일은 없겠지요. 연속체 가설이 보여준 '부정할 수도 긍정할 수도 없는 명제가 있다'는 사실, 이것

....

개인적으로는 불완전성 이론보다, 구체적인 명제가 증명될 수 없는 것을 보여준 연속체 가설의 독립성의 증명 쪽이 몇 배는 더 충격이 크다고 생각합니다. 실제로 불완전성 정리가 증명되고 나서도 30년 정도가 더 걸렸고, 결정적인 부분을 증명하는 데는 천재 괴델뿐만 아니라 또 한 사람의 천재 코언이 필요했습니다.
** 정신병원에서 삶을 마감했다고 하면 좀 과장일지도 모르겠습니다. 칸토어는 만년인 1913-1918년(칸토어는 1918년 1월 6일에 사망했습니다) 사이에 할레 정신병원에 입원해 있었습니다. 그를 담당했던 의사인 칼 폴리트(Karl Pollitt)는 칸토어가 '주기적인 조울증'을 앓았다고 증언했습니다.

은 세기의 커다란 난제에 정면으로 맞섰던 용기와 노력의 결정체
입니다.

오늘의 진리가 내일은 부정될지도 모릅니다.
그렇기 때문에 우리는 내일을 향해서 길을 찾아 나섭니다.
- 유카와 히데키(湯川秀樹)*

* 유카와 히데키(湯川秀樹, 1907-1981): 일본 과학기술의 토대를 마련한 물리학자.
1949년 일본인 최초로 노벨 물리학상을 받음. - 옮긴이

전문가란 그 분야에서 일어날 수 있는 오류를 모두 저질러본 사람입니다.

누가 한 말인지 확실하지는 않지만, 전문가를 정의한 말로 이만한 것은 없다고 생각합니다. 수학 교과서에는 이미 올바른 길이 알려진 것만 실려 있습니다. 마치 처음부터 올바른 길이 보였던 것처럼 말이지요. 그러나 실제로 처음부터 올바른 길을 알았던 적은 별로 없습니다. 그것이 풀어볼 가치가 있는 문제라면 더욱 그렇습니다. 엄청난 시행착오를 거쳐서야 겨우 진리에 이르게 되는데, 그것이 수학입니다. 수학에서 직감은 바로 얻을 수 있는 것이 아니고, 이렇게 세련되지 못한 작업이 쌓이고 쌓여야 비로소 얻어지는 것입니다. '생각하기'란 '시행착오를 거치는 것'과 다르지 않습니다. 그리고 그것은 살아 있는 것 그 자체라고 생각합니다.

이 책의 수학적인 감수는 교토공예섬유 대학의 미네 타쿠야 씨에게 부탁했습니다. 감사드립니다. 그럼에도 남아 있는 오류는 필자에게 책임이 있습니다.

2014년 11월

가미나가 마사히로

| 각 절의 글머리에 쓴 일기에 관한 덧붙임 |

이 책에 쓴 일기의 날짜는 언뜻 보면 아무런 의미도 없는 것처럼 보일지도 모르지만, 사실은 비밀이 있습니다. 배리안(Hal Varian), 포아송(Siméon-Denis Poisson), 레비(Paul Lévy), 뷔퐁(Georges-Louis Leclerc Buffon), 뢸로(Franz Reuleaux), 루퍼트(prince Rupert of the Rhine), 가케야 소우이치(掛谷宗一), 베시코비치(Abram Samoilovitch Besicovitch), 페론(Oskar Perron), 드모르간(Augustus De Morgan), 구스리(Frederick Guthrie), 해밀턴(William Rowan Hamilton), 히우드(Percy John Heawood), 아펠(Kenneth Appel), 하켄(Wolfgang Haken), 칸토어(Georg Ferdinand Ludwig Philipp Cantor), 페아노(Giuseppe Peano), 힐베르트(David Hilbert), 파론도(Juan Parrondo), 크로네커(Leopold Kronecker), 괴델(Kurt Gödel), 코언(Paul Joseph Cohen), 이들의 생일입니다. 그런데 이와 관련해서 조금 재미있는 사실이 숨어 있습니다. 이 날짜에 감춰진 비밀이란 무엇일까요?

이야깃거리로 꼭 생각해보세요.

| 찾아보기 |

수학 사고력을 키우는 20가지 이야기

초판 1쇄 인쇄 2015년 12월 20일
초판 1쇄 발행 2015년 12월 30일

지은이 가미나가 마사히로
옮긴이 조윤동·이유진
디자인 표지 아이디스퀘어·본문 김수미

펴낸이 윤지환
펴낸곳 윤출판
등록 2013. 2. 26. 번호 제2013-000023호
주소 경기도 성남시 분당구 불곡남로 29번길 8 1층
전화 070-7722-4341 **팩스** 0303-3440-4341
전자우편 yoonpub@naver.com

ISBN 979-11-950883-0-0   03410

이 도서의 국립중앙도서관 출판사도서목록(CIP)은 e-CIP 홈페이지(http://www.nl.go.kr/ecip)와
국가자료 공동목록시스템(http://www.nl.go.kr/kolisnet)에서 이용하실 수 있습니다.
(CIP 제어번호:CIP2015033692)